中国古典园林图像艺术

(下)

(Private & Temple Garden Image Volume III)

(私家、寺观园林图像卷)

'hinese Classical Garden
aphic Art

许浩 著

辽宁科学技术出版社
沈阳

南京林业大学标志性成果培育项目

目录

上·皇家园林图像卷

中·风景名胜卷卷

下·私家、寺观园林图像卷

第十三章

私家园林发展演变

私家园林是官僚、贵族、缙绅、商人、文人、平民所拥有的园林，包括别墅园和宅园两种类型。别墅园一般选址于城郊风景秀美的地段，远离世俗，占地大小不一，以观赏风景、休闲游憩、会友读书为基本功能。宅园大多位于城镇内部，紧靠住宅，是园主日常生活休憩之场所。在营造上，别墅园注重选址，一般只需对环境稍加改造。宅园则需要筑山理水、栽种植被，园林的人工性强于别墅园。

早在西汉时期，我国已经有了关于私家园林的记载。经过汉初的休养生息，社会经济逐渐恢复并有所发展，皇亲国戚、贵族官僚阶层掌握大量财富，占有大片的土地和风景秀美的地段，营造华丽的宅园，以及用于休闲、游憩、娱乐的别墅园。如梁孝王刘武在其都邑营造梁园，凿池筑山，规模宏大，殿宇华丽。曲阳王王根所筑宅园奢华无比，堪比皇家园林。东汉时期社会阶层进一步分化，贫富悬殊增大，外戚、宦官、官僚囤积大量的财富，所造园林争奇斗巧。如外戚梁冀官拜大将军，主持朝政数十年，权倾朝野，占用了广袤的山林田野，营造了大量的宅园与别墅园。园中筑山理水，广植奇花异木，放养珍禽走兽，殿宇林立、台阁相通，奢华无比。

随着商业发展，民间财富大量增加，一些商人购地造园。如西汉富商袁广汉在邙山下营造别墅园，引水入园，筑石为山，积沙成洲，植被葱郁，殿阁林立，圈养珍禽于园中，后该园并入上林苑中。东汉末年，由于政治黑暗、吏治腐败，社会上出现了避世隐居的隐士文人。这些隐士往往选择回归田园生活，在自然生态环境较好的山野地段营造隐士庄园，过着自给自足的生活。如张衡致仕后退隐山林，追求恬淡宁静的田园生活。仲长统终生不仕，其理想中的庄园不仅环境优美，具有山水之景，还兼具生产功能，能满足园主的基本生活需求。

魏晋南北朝时期，玄学高度发展，自然审美意识提高，寄情于山水之间成为士大夫和隐士集团的追求。对自然山水的喜爱转化为对居住环境的追求，促进了私家园林的营造。这一时期，私家园林的营造上升为对艺术的追求。

这一时期，城市私家园林以北魏都城洛阳的宅园为代表。北魏时期，北方统一，人民获得修生养息的机会，生产恢复，城市复苏。北魏迁都洛阳后，全面实施汉化政策，大力吸收汉族文化，洛阳人口增加，经济繁荣，统治阶级生活奢侈，许多官僚贵族都修建有私家园林。如太傅王怿在西明门外建有宅邸，司农张伦在昭德里建有宅园，内有山岳之景。外城寿丘里建有很多王公贵族的宅邸，宅园华丽精致。除游憩享乐之外，王公贵族营建私家园林还用于斗富。洛阳城市私园占地有限，但是筑山理水、亭台楼观齐备且精致奢侈，这就导致园林的风格是以华丽精巧而非自然清纯为特点。

南方社会相对比较稳定，经济发展后来居上，王公贵戚与官僚热衷于游玩享受，在城市里营建私园的现象比较多。如徐湛之在扬州置业，建高楼、琴室，召集文人雅士游玩。会稽文孝王在其府邸筑山凿池，终日留恋饮宴。文惠太子在建康营造私园玄圃，用于游乐。湘东王于江陵内城中营造湘东苑，作为其游憩场所。

除了城市私园以外，士族大户在城镇以外拥有大量的庄园别墅。士族大户的别墅园往往依托于庄园而建。庄园是自给自足的经济体，一般位于自然环境优美、自然资源丰富的山野地带，园内有大片的优质良田，物产丰富的山林与河湖具有很强的生产功能。士族重视教育，世族子弟大多成为官僚文人的代表人物，因此在庄园的选址与经营上体现了当时士大夫阶层的审美追求，将对自然山水的热爱融入庄园的建设活动中，从而推动了别墅园的营造。如西晋时期的石崇，曾任县令、郡守、刺史、太仆等官职，又封为征虏将军，监徐州军事，镇下邳，在今洛阳东北郊金谷涧营造金谷园，将其作为安享晚年生活、享受自然山林乐趣，且能够保证衣食无忧的场所。其友人，同时也是大官僚的潘岳，也在洛阳郊野地带营造庄园，庄园内生产作物甚多，用于招待友人和文人雅集。

东晋时期，北方的士族大户随晋王室南迁，在江南的山野地带、风景优美之处开发了很多庄园别墅。如北方士族大户王、谢两族，南迁到三吴地区（浙江东北部）的会稽郡，结合当地的风景与自然资源，营造了具有自然山水之美的庄园。谢玄为东晋名将，归隐后在会稽郡营造庄园。谢玄之孙谢灵运为著名的文人、山水诗的创始人，继续经营、扩建谢家庄园，其文学作品《山居赋》对庄园营造的经验心得进行了阐述。

除了士族大户以外，士大夫中的一部分人归隐山田，成为真正的隐士。这些人具有很高的文化修养，但是厌倦了官场生活，不愿意为统治集团服务，所以选择远离城市繁华之处，营造自己的别墅。与士族大户不同，隐士缺乏雄厚的经济基础，所建庄园规模较小，生活上自给自足。如东晋的陶渊明，辞官到庐山脚下归隐，在自己所建的小型庄园别墅中长期居住，过着自然朴素的生活。陶渊明著有《归园田居》，描述了归隐后自然宁静的园居生活。

隋唐时期，由于财富增长、文化发达，文人通过科举制度能够出仕，掌握一定的权力与财富，促进了文人私家园林的发展。目前，有案可考的唐朝私家园林多达四百余处，主要集中在长安、洛阳、成都、扬州等大城市，以及城郊山野风景秀丽的地方。

在唐代，安乐公主在京城延平门外开山凿池，营建了定昆池，又开凿九曲流杯池，建石莲花台，池边营造飞阁殿宇，奢华无比。裴度在洛阳鼎门外午桥营建午桥庄，庄内引水成涧，有农田，可养桑蚕，绿化自然，庄内主体厅堂为绿野堂。李德裕在洛阳南三十里处营造平泉庄，内有山泉怪石，果木繁盛，水产丰富。

唐代文人别墅园是文人为避战乱和世俗烦恼，或者是文人官僚致仕后，为避开尘世的烦扰，获得幽静的环境，选择在山川风景优美之处营建园林，作为隐居、会友、读书之处。文人卢鸿一终生不出仕，隐居于嵩山，经营嵩山别业，内有草堂、洞元室、金碧潭、枕烟庭、倒景台等景点。大诗人杜甫为避安史之乱，流落成都，在城西浣花溪营造草堂，在此居住长达三年。岑参自边塞归京后，隐居于终南山，在终南山建有双峰草堂，作为其读书修身的场所①。崔兴宗在蓝田山建有玉山草堂。唐末司空图退隐后，在中条山王官谷建有司空庄，庄园内山石嶙峋，有瀑布流水和广袤良田。有的文人官僚因仕途不顺而选择在风景绝佳处营造园林，作为其生活居所，抒发郁闷心情。如

① 李浩：《唐代园林别业考论》，西安：西北大学出版社，1996年，第170、194、211、214、314页。

白居易被贬官任江州司马，选择在庐山香炉峰下营造庐山草堂。白居易后来到杭州任刺史，长庆四年（824）回到洛阳后，购得履道坊杨凭的旧宅园，加以修葺改造，致仕后在此隐居。

两宋时期，北方私家园林以洛阳为代表，南方私家园林以扬州、吴兴和临安为代表。洛阳是北宋的西京、汉唐的旧都，王侯公卿、文人雅士在此营造了很多园林。如宰相富弼新建有宅园，称为富郑公园，园内有池沼、假山和建筑，植被葱郁。宣徽南院使王拱辰建有环溪，以水景取胜。董俨建有东、西两园，内有水景楼阁。节度使苗授购得宰相王溥的宅园，改造为苗帅园，园内有古松、竹林，松中有涧水。赵晋建有赵韩王园，建筑装修华丽。唐代白居易的履道坊园后来沦为佛寺，北宋时期成为张氏的会隐园，保持了原有的山池树木，新增了建筑。工部侍郎董俨建有西园和东园，园内挖掘有池沼，林木苍翠，建筑雅致。司马光建有独乐园，内有池沼、堂轩和大片的竹林，并设置花圃和菜圃，风格简朴。右司谏刘元瑜建有刘氏园，精致工整，花木繁多。门下侍郎安焘建有丛春园，内有丛春亭和先春亭。宰相李文定建有松岛园，内有道院，院内有堂，引水形成池沼，园内种植大片的松林和竹林。吕文穆在伊水边建有宅园，园内有竹林和临水亭。

扬州私家园林在宋代开始兴盛起来。代表性的私家园林有朱氏园、丽芳园、壶春园、陶毂的秋声馆、郑兴裔的蘧云亭等。除了私家园林外，还有不少公署官衙园林，如欧阳修在蜀冈上营造的平山堂、周淙在九曲池池畔营造的波光亭，以及贾似道在扬州兴建的郡圃，内筑山水，亭台楼阁极尽奢华之能事。

吴兴临近太湖，经济发达，文化氛围浓厚，是江南主要城市之一，城内有不少代表性的私家园林。如城南有尚书沈德和的宅园，面积有上百亩，内有大型池沼，池中筑岛名为蓬莱山。尚书沈宾王在城北有宅园“北村”，临太湖，园内有五处池沼，水景极其丰富，建有灵寿书院、怡老堂等建筑。章参政在南城建有嘉林园，面积数十亩，内有嘉林堂、怀苏书院等。赵氏菊坡园临大河，河边多柳树，园内屋宇和亭榭较多，挖有池沼，池中有中岛，岛上种满菊花。尚书程文简在城东有宅园，园外为河渠，园内有至游堂、鸥鹭堂和芙蓉泾。丁葆光在清源门内有宅园，园内凿池筑山，水边有茅亭。①

南宋建都于临安（今杭州）。经过唐宋时期的治理，西湖成为临安的风景胜地，是私家园林集萃之处。集芳园位于西湖北，原为御苑，后被赏赐给贾似道，成为贾家的宅邸园林。延祥园位于湖北岸孤山上，园内挖掘有六一泉、金沙井、仆夫泉、闲泉，建有香月亭，亭旁多种梅花，亭后有挹翠堂、香莲亭、辟支塔、玛瑙宝胜院、四照阁、西阁等楼阁亭榭。南山上有王氏富览园、秀芳园、张氏北园、庆乐园等。屏山园又名翠芳园，园内建有八面堂，可四面观望湖山景色。②③

---

①［宋］周密：《吴兴园林记》，赵雪倩编著：《中国历代园林图文精选·第二辑》，上海：同济大学出版社，2005 年，第 208—214 页。
②［宋］吴自牧：《园囿》，赵雪倩编著：《中国历代园林图文精选·第二辑》，上海：同济大学出版社，2005 年，第 197—200 页。
③［宋］吴自牧：《西湖》，赵雪倩编著：《中国历代园林图文精选·第二辑》，上海：同济大学出版社，2005 年，第 186—190 页。

明代，私家园林的营造技艺有了进一步提高，数量也有很大增长。南京为明王朝初期的都城，永乐皇帝迁都后成为陪都，保留着一部分国家行政机构。明代朝廷仕宦多在此购宅造园，一些皇亲贵戚也有宅园建于南京。明朝开国元勋中山王徐达在南京置有数处别业，营建了东园、西园、王府西花园（瞻园）、斑竹园等宅邸园林。徐达次子在西园隔壁建有凤台园，园内奇峰峻岭，筑山特色鲜明。徐达三子徐继勋建有万竹园，园内古木参天，以竹林闻名。明武宗时期，徐霖在其宅邸建有快园，园内开辟有西湖，并建有丽藻堂、晚静阁等建筑，水中种荷花睡莲，水边多种桃花柳树。嘉靖年间，徐元超于仙鹤街建有大隐园，内有海月楼、鹅群阁、秋影亭、浮玉桥、芙蓉馆、萃止居、恩元室、中林堂、柳浪堤等景点。张庄节在凤凰台建有海石园，园内清绣堂前置高达两丈的景石，为园主在海外所获。富豪沈万三在玄武湖畔建有沈园，园内景致以牡丹为特色。吏部侍郎顾起元于花露岗建有遁园，园内筑有小石山，并建有横秀阁、七召亭、耕烟阁、快雪堂、懒真草堂、郊旷楼等建筑，园内多种植梅花、丛竹、古松，享誉金陵。明末政治家、戏曲家阮大铖在城南司库坊建有石巢园，聘请计成设计与施工，内有亭台园圃，颇有古意。除以上园林外，还有冯晋渔所建的欣欣园、陈铎的陈氏宅园、寒山园、疏园、万松别墅、读乐园、同春园等。①

因京杭大运河形成的便利的水运条件，再加上气候温和、环境优美、靠近长江、人口密集，南来北往的货物途经扬州交易集散，大量商人和文人仕宦在扬州定居，扬州成为明清时期首屈一指的大城市与商业都会。明朝扬州商人以徽商居多，也有一部分赣商、粤商以及湖广商人，徽商在其宅邸营造中融入了徽派建筑的特色，苏州香山帮匠人也在扬州营造了一些寺塔与宅邸园林建筑，从而使扬州的建筑与园林成为私家园林中的典型代表。

明朝扬州私家园林营造有了进一步发展。如中丞王大川建有小东园，内有水池，池中有水阁和涵虚亭。欧大任在其书斋后建有苜蓿园，内种苜蓿，可食用。汪氏在旧城建有荣园，造型天然精绝，成为扬州名园，吸引无数名士来此宴游。大理寺卿姚思孝在新城康山街东头筑有康山草堂。万历年间太守吴秀于梅花岭上建有偕乐园，为当时名士公卿游宴之地。郑氏兄弟在扬州均有园墅，其中郑侠如在新城流水桥附近建有休园，郑元勋在金山下院谷渡禅林以北建有影园，郑元嗣建有嘉树园。除此之外，比较有名的园林还有皆春堂、江淮胜概楼、竹西草堂等。②

苏州环境优美，气候适宜，植物茂盛，文化发达，历代文人官宦归隐首选苏州，孕育出了苏州古典私家园林这一重要的园林流派。明弘治年间，御史王献臣（字敬止）罢官后在此营造宅园，园名取自晋朝文人潘岳的《闲居赋》中的“拙者之为政”之句，名“拙政园”。嘉靖年间为太仆寺徐泰时建有东、西两园，东园内筑山理水，置楼堂馆阁，为徐泰时的私家休闲场所。乐圃原为北宋太学博士朱长文的宅园，明朝杜琼购得乐圃东地块，营造如意堂、延绿亭、三友轩、八仙架、芹涧桥等十景，万历年间内阁首辅申时行致仕后购得其地营造宅园，建有赐闲堂、招隐榭、鉴曲亭等。按察司副使袁祖庚免官后回到老家苏州，营造宅园“醉颖堂”，为其宅题名“城市山林”。文震孟购得醉颖堂，

① 南京市地方志编纂委员会：《南京园林志》，北京：方志出版社，1997 年，第 87—92 页。
② 汪菊渊：《中国古代园林史》，北京：中国建筑工业出版社，2006 年，第 719 页。

对其进行扩建和改造，改名为“药圃”。

清代私家园林的营造更加多样化。北京是中国的政治与经济中心，王公巨卿、官僚文人在京城营造了大量的宅园。康熙年间，大学士王晰营造了别业怡园，园内挖有大池沼，池边为江南叠山大师张南恒主持营造的假山，池北为主要建筑群，各建筑通过二楼复廊相连，园内多种植柳树和松柏，园内景点有听涛轩、仰亭、引胜桥、月泼楼、叠翠楼、凉云馆、致爽斋等，成为京城著名的园林。大学士冯溥在旁边建有万柳堂，园内种植大量柳树，后沦为佛寺。兵部尚书贾汉复在紫禁城东北弓弦胡同营建半亩园，聘请造园家李渔规划并主持叠山工程，成为一代名园，道光年间此园归麟庆所有。官员张承泽在西山樱桃沟建有别墅园——退谷，园内山水相映，风景清秀淡雅，具有很强的自然美，张承泽致仕后在此潜心著书。

北京西北郊地下水丰富，泉水多，生态环境良好，具有造园的天然条件，成为王府园林、赐园的集中之地。大学士明珠在北京西北郊营建有别墅园林——自怡园，园内构筑二十一景，以水景为主体。畅春园东侧的淑春园，曾为乾隆宠臣和珅的赐园，园内有规模巨大的湖泊，湖中筑岛，后划分出镜春园和鸣鹤园。鸣鹤园东北的朗润园，先后为庆亲王和恭亲王的赐园，以湖面、大岛为中心。畅春园北建有蔚秀园，先后为定郡王和醇亲王的赐园，园内有大面积的水面、玉壶冰等景点。长春园东南建有熙春园，原为圆明园的附园，后赐予皇子和亲王，改名为清华园。①

康熙时期，扬州府城西北保障河一带已经有了一些别墅园林，如莲性寺东的东园、小金山后的卞氏园、虹桥西岸的冶春园、问月桥西的王洗马园、簝园。乾隆时期扬州园林发展鼎盛时期，不仅保障河一带的临水别墅园大量增加，城市内部也有不少典型的宅园。乾隆屡次南巡，路过扬州，扬州盐商为取悦于皇帝，在乾隆水上巡游路线两岸竞相造园，形成了瘦西湖至平山堂的湖墅园林群。这一时期著名的湖上园林有竹西方径、华恩迎祝、杏花村舍、平岗艳雪、卷石洞天、西园曲水、四桥烟雨、柳湖春泛、荷蒲薰风、长堤春柳、冶春诗社、白塔晴云、石壁流淙、锦泉花屿、蜀冈朝旭、春台祝寿等景点。著名盐商贺君召也在瘦西湖洲岛上建有贺氏东园。清朝中晚期，扬州盐业衰落，湖上园墅日趋萧条，但是府城内的宅园有所发展。如叶氏营造的二分明月楼，园内有山无水，颇具特色。马氏营造有街南书屋，两淮盐总、大盐商黄应泰在废园寿芝圃和街南书屋基础上建造了个园，园内以竹林和“春、夏、秋、冬”四季假山著名。②光绪年间道台何芷舠归隐扬州后，营造了寄啸山庄和片石山房，园内有石涛的叠山与复廊③。两江总督周馥营造的小盘谷，园内有池沼，并筑有九峰图山，是叠山上乘之作④。清代有“扬州以名园胜，名园以叠山胜”的说法，说明叠山技巧突出是扬州园林的重要特点。清代江南著名的叠山大师，如戈裕良等，都在扬州留有叠山作品。

清代苏州依旧是众多仕宦归隐的理想之地。乾隆年间，始建于元代的狮子林园

---

① 周维权：《中国古典园林史》第二版，北京：清华大学出版社，第491—495页。
② 罗哲文：《中国古园林》，北京：中国建筑工业出版社，1999年，第134页。
③ 罗哲文：《中国古园林》，北京：中国建筑工业出版社，1999年，第138、141页。
④ 罗哲文：《中国古园林》，北京：中国建筑工业出版社，1999年，第140页。

林部分沦为宅园，归黄氏所有。黄氏对园林大肆整修，掘池筑山。清末狮子林归贝氏所有，增建了燕誉堂、小方厅、见山楼等建筑[①]。拙政园中部于乾隆年间被太守蒋诵先购得，进行了大规模的翻修，取名为“复园”。道光年间拙政园归吴敬所有，改名为“吴园”。咸丰十年，太平军攻破苏州，拙政园中西部为李秀成的忠王府。太平天国失败后，该园为江苏巡抚衙门所在。同治十年（1871），巡抚张之万将拙政园中部改为八旗奉直会馆。光绪三年（1877），商人张履谦购得该园西部，改名为“补园”。清乾隆年间，光禄寺少卿宋宗元致仕后购得位于南宋万卷堂旧址的一块地皮，在此营造网师园[②]。乾隆年间，原徐泰时的东园为刘恕购得，改名为寒碧山庄，又称为花步小筑。山庄内筑山凿池，置太湖十二石峰，造藏书阁、观月亭、涵碧山房等，成为吴中名园。[③]总体来说，清代苏州私家园林在风格上趋于细腻精巧，于尺寸之地挖池堆山建楼，比例和谐，造型与装饰更加精致。

① 杨鸿勋：《江南园林论》，上海：上海人民出版社，1994年，第327页。
② 杨鸿勋：《江南园林论》，上海：上海人民出版社，1994年，第290页。
③ 杨鸿勋：《江南园林论》，上海：上海人民出版社，1994年，第319页。

第十四章

私家园林图像概述

私家园林图像是以私家园林为描绘对象，呈现其景观风貌的图像。本卷涉及的私家园林主要有陕西的辋川别业，繁昌的北园，徽州的坐隐园和水香园，无锡的寄畅园和西林园，苏州的东庄、拙政园、怡园和狮子林，南京的东园、瞻园，杭州的小有天园、留余山居、漪园、吟香别业，海宁的安澜园，北京的半亩园，扬州的西园、水竹居、贺氏东园等。

按照材料分类，本卷收录图像分为水墨图像和版画图像两大类。水墨类图像包括仇英所绘的《辋川十景图》、王原祁绘制的《辋川图》、宋懋晋所绘的《寄畅园五十景图》、沈周绘制的《东庄图》、文徵明绘制的《拙政园三十一景图》和《东园图》、张复的《西林园景图》、袁江的《瞻园图》、顾沄绘的《怡园图册》、钱维城的《狮子林图》、袁耀的《邗江胜览图》，以及作者不详的《江南园林胜景图》。

仇英（1494—1552，字实父，号十洲），江苏太仓人。师从吴门画派著名画家文徵明和周臣，擅长青绿山水画。其山水画构图精致工整，并融合界画手法[①]，在明代山水画家中独树一帜。其所作《辋川十景图》，绢本设色横卷，纵28厘米，横428厘米，以精丽细腻手法，融合界画与青绿山水技法于一体，呈现了辋川别业的景观风貌。

王原祁（1642—1715，字茂京，号麓台），江苏太仓人，清初山水画大师王时敏之孙，著名画家，娄东派创始人，擅长浅绛山水画。康熙年间，王原祁入紫禁城南书房，继而任翰林院侍读学士，负责编纂《佩文斋书画谱》。[②]王原祁所绘《辋川图》，纸本设色，纵35.6厘米，横545.5厘米，以浅绛和略带写意的笔法，将辋川别业的风景意境浓缩于长卷之中。

宋懋晋（生卒年不详，字明之）为明代松江派画家，松江（今上海）人，曾师从松江派先驱画家宋旭（1525—？）。宋懋晋活动于江南地区，绘有《名胜十八景图》[③]《西湖胜迹图册》等江南园林名胜图像。本卷中收录其作品《寄畅园五十景图》。《寄畅园五十景图》为水墨设色册页，以明代寄畅园五十处景观为主题，每景一图，每幅图像高27.4厘米，宽24.2厘米，共计五十幅图像，系统呈现了明代寄畅园的主要景观。

沈周（1427—1509，字启南，号石田），久居苏州相城。沈周精通诗画，师从苏州著名画家杜琼（1396—1474）、刘珏（1410—1472），后自成一家，成为吴门画派中的代表人物。沈周绘有《支硎山图》《苏州山水全图》等以苏州、江南风景名胜和园林为主题的水墨图像。沈周所作的《东庄图》为纸本册页设色水墨，共二十一开图页，每图纵28.6厘米，横33厘米，以好友吴宽的别业东庄内二十一处景观为主题，每个景观对应一幅。画风兼工带写，表达了别墅园林的生活趣味与人文意境。

文徵明（1470—1559，初名壁，字徵明，号衡山、衡山居士、停云生），师从沈周，是明代吴门画派代表画家。文徵明生于苏州长洲县，年轻时期与祝允

① 王璜生、胡光华：《中国画艺术专史·山水卷》，南昌：江西美术出版社，2008年，第429、430页。
② 王璜生、胡光华：《中国画艺术专史·山水卷》，南昌：江西美术出版社，2008年，第527、528页。
③ 收录于《江苏园林图像史》一书。

明、唐寅、徐祯卿并称为“吴中四才子”。嘉靖二年（1523），文徵明入朝任翰林待诏。嘉靖五年（1526）回归故里，直至去世。文徵明久居苏州，创作了大量的绘画诗文作品。本卷收录其作品《拙政园三十一景图》和《东园图》。《拙政园三十一景图》作于嘉靖十二年（1533），为水墨设色绢本，共计三十一开（幅），每幅23厘米见方。每幅图对应当时拙政园的一处景点，共成三十一景，再现了明代拙政园的景观特色。《东园图》作于嘉靖九年（1530），纵30.2厘米，横126.4厘米，横卷绢本设色，描绘了明代位于南京的一处著名私家园林——东园的景观风貌。①

明代吴门画派另一位著名画家张复（1546—1631，字元春，号苓石），江苏太仓人。万历八年（1580），张复以无锡安氏西林园为主题，绘制了《西林园景图》。《西林园景图》为纸本水墨设色册页，纵35.8厘米，横25.6厘米，共计有三十二景图，分别描绘西林园三十二处景致，现仅存十六景图。

瞻园是位于明代南京的徐达王府花园，清代其中一部分成为江南行省布政使署、江宁布政使署所在。袁江（1662—1735，字文涛，号岫泉），江都（今扬州）人，清代宫廷画家，尤其擅长苑囿名胜和山水楼阁界画。袁江以瞻园为对象，作有一幅《瞻园图》卷。该图为绢本设色卷轴水墨画，纵51.5厘米，横254.5 厘米，细致地呈现了清代瞻园的建筑与园林水体格局以及细部构造。

《怡园图册》为光绪年间顾沄（1835—1896，字若波，号云壶、云壶外史）所绘。该图册为纸本水墨设色册页，纵33.3厘米，横42.4厘米。全册共有二十景图，分别绘制苏州过云楼主顾文彬的宅园——怡园内二十处景致。

钱维城（1720—1772，字幼安、宗磐，号纫庵、稼轩），江苏常州人，乾隆年间进士，后官至刑部侍郎。钱维城是著名的翰林画家，曾师从董邦达，作品有《西湖三十二景图》《雁荡图》《晴山秋树图》等。本卷收录其作品《狮子林图》。《狮子林图》横187.3厘米，纵38.1厘米，纸本设色水墨画，以乾隆时期苏州狮子林为主题。

《江南园林胜景图》作于乾隆四十九年（1784）左右，共计有四十幅设色水墨画，尺寸与作者不详，皆采用界画画法，用笔工整，细笔勾勒。各图皆以乾隆下江南游览的扬州园林名胜为主题，每图一景，共计描绘有四十处典型园林景点。本卷收录其中的《西园曲水》《御题水竹居》《锦泉花屿》《蜀冈朝旭》《御题高咏楼》《筱园花瑞》《御题倚虹园》《御题九峰园》《康山》《卷石洞天》十幅图。这十幅图分别描绘了乾隆时期扬州私家园林西园、水竹居、筱园、倚虹园、九峰园、康山草堂、古郧园的景观。

扬州贺园，又称贺氏东园，是清代扬州名园之一。袁耀（字昭道，号溯渔者），扬州人，袁江之子，擅长山水、界画②。其作品《邗江胜览图》为绢本设色界画，横262.8厘米，纵165.2厘米，以细腻手法描绘了扬州贺园及其周边环境的景观面貌。

---

① [明] 文徵明绘，杨新编著：《文徵明精品集》，北京：人民美术出版社，1996年，第6页。
② 吴敢木主编：《中国古代画家辞典》，杭州：浙江人民出版社，2005年，第615页。

本卷中的私家园林版画图像均为明清类书、方志、图志、游记、图咏、题咏等的木刻版画插图，主要有明代《环翠堂园景图》《三才图会》，清代《狮子林图》《关中胜迹图志》《太平山水诗画》《古歙山川图》《南巡盛典》《平山堂图志》《鸿雪因缘图记》《东园图》《汪氏两园图咏合刻》等。

坐隐园是明代徽州私家园林。园主汪廷讷，字昌朝，号无如，别号无无居士、松萝道人，生于明朝嘉靖元年，休宁人，是明代著名的戏曲家、文学家、出版商，曾出版有《坐隐先生集》《坐隐园戏墨》《养正小吏》等著书，还编制了《彩舟记》《狮吼记》等散曲，收录在《环翠堂乐府》中。汪廷讷早年曾经商致富，后出仕做官，辞官后归隐家乡，营建坐隐园，刻书立说，并组建“环翠社”，结交文人名士，与其有交往的包括画家董其昌、钱贡、丁云鹏，以及剧作家汤显祖、文学家文震孟等人。汪廷讷还创建了环翠堂书坊，以刻书、卖书为业。环翠堂书坊因而成为明代中后期版画业发展的重镇之一。汪氏环翠堂曾刊刻有木刻版画长卷《环翠堂园景图》，展现了坐隐园的建筑与园林景观。该图卷是我国古代版画长卷中的巨制，也是关于坐隐园所留存的唯一图像史料。

《三才图会》是由王圻、王思义编纂，明代万历年间出版的大型类书，共一百零八卷，分为天文、地理、人物、时令、宫室、器用、身体、衣服、人事、仪制、珍宝、文史、鸟兽、草木十四个门类。本卷收录其中的木刻版画插图《辋川图》。

明代画家徐贲（1335—约1379，字幼文）曾绘制狮子林十二景画作。清代赵霆摹之，再由刻工翻刻成版画，收录入明代释道恂辑、咸丰年间重刊的《师子林纪胜集》。[①]该图以十二个景点为中心，呈现了狮子林景观风貌。本卷全录。

《关中胜迹图志》是陕西巡抚毕沅（1730—1797，字纕蘅、弇山，号秋帆）于乾隆四十一年（1776）编纂的，后被著录入《四库全书》。该图志共有三十卷，以州府分篇，各篇又分地理、名山、大川、古迹四目，是乾隆时期陕西地区的地理资料集。[②]本卷收录其中的木刻版画插图《辋川图》，该图较为细腻地刻画了唐代王维的辋川别业的内外景致。

《太平山水诗画》是顺治年间怀古堂刊印,记录太平府三地山水名胜的木刻版画园林图像集，作者为明末清初著名画家萧云从（1596—1673，字尺木，号默思），由刻工汤尚、汤义、刘荣等镌刻。本卷收录其中的木刻版画插图《北园载酒图》。该图刻画了繁昌地区北宋蔡确的名园——北园的景象。

乾隆年间阮溪水香园刊刻的《古歙山川图》，是关于歙县山川名胜的版画图像集。该图集图版为双页连式，由清前期著名画家吴逸勾绘底稿。本卷收录其中一幅以汪氏水香园为主题的插图。

乾隆在位期间，曾六次南巡，目的在于视察河工水利、体察风土人情、选拔人才、督察吏治、笼络地方，从而加强清廷对江南地区的控制。乾隆三十五年，两江总督高晋主持编纂了《南巡盛典》，详细记载了乾隆前四次南巡山东、江

①［明］释道恂辑：《狮子林纪胜集》，扬州：广陵书社，2007 年。
②［清］毕沅撰，张沛校点：《关中胜迹图志》，西安：三秦出版社，2004 年，第 1—3 页。

浙的情况。全书分为恩纶、天章、蠲除、河防、海塘、记典、褒赏、名胜等篇，附有大量的木刻版画插图。其中名胜篇由画家上官周等主持绘图，描绘了直隶、山东、江苏、浙江南巡沿线的名山、大川、寺庙、行宫、园林、名胜景观。本卷收录其中的《寄畅园》《小有天园》《留余山居》《漪园》《吟香别业》《安澜园》《狮子林》共七幅插图。

《平山堂图志》刊刻于乾隆三十年（1765）。该书共有十卷，记述了乾隆时期扬州平山堂及其周围，尤其是蜀冈至瘦西湖的园林名胜历史与地理的概况。卷首一卷，附《名胜全图》。《名胜全图》中包含四幅图，分别为《蜀冈保障河全景》《由城关清梵至蜀冈三峰再由尺五楼至九峰园》《迎恩河东岸》《迎恩河西岸》，共计一百三十二幅图版。全部插图均为木刻版画，雕工精美，图画细致，描绘了扬州西北郊蜀冈、瘦西湖以及迎恩河两岸的园林名胜，为清代民间版画代表之作。[①]本卷收录《由城关清梵至蜀冈三峰再由尺五楼至九峰园》图卷中的“西园曲水”“水竹居”“锦泉花屿”“蜀冈朝旭”“倚虹园”“九峰园”局部。

《鸿雪因缘图记》是内务府旗人完颜氏麟庆（1791—1846，字伯余、振祥，号见亭）编纂、刊刻于道光二十七年（1847）的游记。麟庆家族为清廷内务府世家，麟庆自小随其父和祖父走南闯北，其出仕后足迹遍于大江南北。《鸿雪因缘图记》主要是记录其宦海经历，其中的木刻插图呈现了其一生游历的名胜与寺院。

本卷收录其中的《半亩营园》《退思夜读》《近光伫月》《焕文写像》《嫏嬛藏书》《拜石拜石》《康山拂槎》七图。前六幅图记录了麟庆在京城的私家园林——半亩园的景观，《康山拂槎》则呈现了道光时期扬州康山草堂的景观面貌。

乾隆十一年（1746）刊刻的《扬州东园题咏》，收录了200余位作者的约500首诗词与园内若干匾联，对东园建筑、植物、基址环境、景致等方面做了较为详尽的描述。全书共四卷，卷一收录了园内题壁诗文，卷二为园林雅集诗文，卷三为乾隆九年观莲雅集的相关诗文，卷四收录了名士为园内景点题写的匾联。此外，书前附有袁耀绘制、江昱题写的《东园图》。《东园图》包含12幅图像，表现了贺园的十二处代表性景点。本卷全录。

文园与绿净园是南通如东汪氏的宅园。道光二十年（1840），汪氏后人汪承镛编纂了《汪氏两园图咏合刻》，其中收录季学耕所绘文园图十幅、绿净园图四幅，皆为木刻版画，呈现了这两座园林各个景点的景观风貌。本卷全录。

---

①［清］赵之壁：《平山堂图志》，北京：中国书店出版社，2012 年。

第十五章

私家园林图像

第一节 辋川别业图像

辋川位于陕西，唐代著名文人、画家王维的别墅园林。王维（701—761），字摩诘，河东蒲州（今山西运城）人，崇信佛教，官至尚书右丞，仕途失意后退隐于辋川别业。他对辋川别业刻意经营、精心谋划，营造了多处景点。根据《辋川集》记载，辋川是一处天然山水园林。王维退隐之后，在辋川营造了多处景点。王维主要居住于孟城坳，山坳内原有城池，王维的住所即在城墙下。华子冈位于其后，山冈高耸，坡上种满松树，风起则松涛阵阵。华子冈下为辋川汇成的湖泊——欹湖，湖南边有山岭环绕，种有巨大的文杏树，湖边主体厅堂为文杏馆，以文杏木为梁架，屋顶铺茅草。文杏馆西边有清源寺，南边斤竹岭上种满了竹子。竹林中的山道通往半山腰的木兰柴。斤竹岭对面山岭上有茱萸沜，种有大片的山茱萸。越过茱萸沜，山林深处为栅栏围合的大片森林，名为“鹿柴”，林内圈养麋鹿。下坡经过槐树林可到达欹湖湖边。湖上可泛舟，两岸有码头。湖边有屋宇，并建有临湖亭，岸边种满了柳树，称为“柳浪”。湖边有水口与溪涧相通，水流湍急，称为“栾家濑”。南山上有金屑泉，泉水汇流成溪涧，沿溪流可至竹里馆。竹里馆为山坡竹林里的厅堂，王维经常在此处弹琴。馆旁为辛夷坞，种满了辛夷花和木芙蓉。山中还有漆树林和椒园。①

明代画家仇英所绘《辋川十景图》卷（图15-1-1）中，图像自右向左被水面分成三段。卷首自一片竹林开始，竹林位于坡地上，林后有上山的磴道，磴道后面的坡上有篱笆墙圈起的成片梅花树。磴道向右延伸，隐没于植物之后，向左到达一泓溪涧边。溪涧自山中汇入水面，涧侧有巨石，石后有磴道通向左侧的房屋。房屋四周种有巨松，屋后高山上一缕瀑布泻下，云雾缥缈。屋前临水，屋内有文士和仆童，屋右侧有溪涧水口和平板桥，过桥沿着篱笆可至一处民居。该民居由屋宇围合成院，中间有过廊，布瓦顶。屋侧垒石成墙，屋前有台阶通向水中（图15-1-1a、图15-1-1b）。

第二段自一组水阁建筑群开始。水阁建于水中的排柱上，中间的高两层，四周以廊庑和亭围合，绕以围栏，建筑基本是歇山布瓦顶。水阁向左，经过洲岛、柳树、折桥，到达一处高山。此山位于图卷的中间，四壁孤悬，山中有数股瀑布泻下。过瀑布继续向左，山体趋缓，临水处围合成山坳平地，建有两处民舍。近水处为瓦顶，前后两栋，屋前有巨松。较远的为草顶，前有草亭，四周密布竹林（图15-1-1c、图15-1-1d）。

余下部分为第三区段，自水边的巨崖开始，向右为缓坡，坡上种有梅林，四周以篱笆墙围合。视点向右，经过三孔石拱桥、陡崖和水面，可至一组民居建筑群。该建筑群处于临岸的洲岛上，包括一座由前后瓦屋围合的方形院落，以及一栋茅舍和篱笆墙围合的开放性院子，院后由两座草堆。屋前后植被丰富，临水处种有柳树（图15-1-1e、图15-1-1f）。

《三才图会》中亦有一幅木刻版画插图《辋川图》。图中，山形如车轮，山麓前绘有一座四方四柱攒尖亭，亭内两人相对而坐，四周林木葱郁。画面描

---

①[唐]王维：《辋川集》，赵雪倩编著：《中国历代园林图文精选第一辑》，上海：同济大学出版社，2005年，第225—229页。

图 15-1-2
[明]《三才图会》——《辋川图》

绘了远离城镇的别业风光，充斥着隐逸含义（图15-1-2）。

清初王原祁所绘《辋川图》卷，在具体的景观结构上，有不少单元部分与仇英《辋川十景图》卷相似，但是在空间顺序上进行了变更。在绘图手法上，王原祁采用了与仇英工笔技法完全不同的文人画手法，山石结构更加繁复，笔法萧瑟，充分体现了文人园林的隐逸意味（图15-1-3）。

清代乾隆年间陕西巡抚、兵部右侍郎毕沅编纂的《关中胜迹图志》中有数幅木刻版画《辋川图》，将辋川别墅各景点绘于图中，自右向左可连接成长卷式的风景图像。图像自山坳围合的湖湾开始，湖中有岛，岛上建有数栋农舍。向左有高岭瀑布，为孟城坳和华子冈所在。孟城坳上有高山挂瀑直泻而下，左下方前有山体环抱的水面，水中有大洲岛，岛上有前后三栋殿阁，四周以廊庑围合，水中还建有水阁，洲岛以板桥与水岸相通。此为辋口庄所在。

视点向左，画面依次呈现文杏馆、斤竹岭、木兰柴、茱萸沜、宫槐陌、鹿柴，此段环境清幽，建筑稀少，仅在河岸平坦处零散建有数栋农舍，以篱笆围合成小院。

图卷向左延伸，可见水口洲角处有临湖亭。此处视野开阔，除了亭子以外，尚有数栋观景休憩建筑。山势蜿蜒，建筑逐渐稀少，前后皆湖，有泉涧自山中流出，汇入水面，形成动静相宜的水景（图15-1-4）。

图 15-1-1
[明] 仇英《辋川十景图》卷

图 15-1-1a
[明] 仇英《辋川十景图》卷局部一

图 15-1-1b
[明] 仇英《辋川十景图》卷局部二

图 15-1-1c
[明] 仇英《辋川十景图》卷局部三

图 15-1-1d
[明]仇英《辋川十景图》卷局部四

卷局部六

图 15-1-1e
[明] 仇英《辋川十景图》卷局部五

图 15-1-1f
[明] 仇英《辋川十景图》

图 15-1-4
[清]《关中胜迹图志》——《辋川图》

斤竹嶺
木蘭柴
茱萸沜
宮槐陌
北垞
臨湖亭
柳浪
欒家瀨

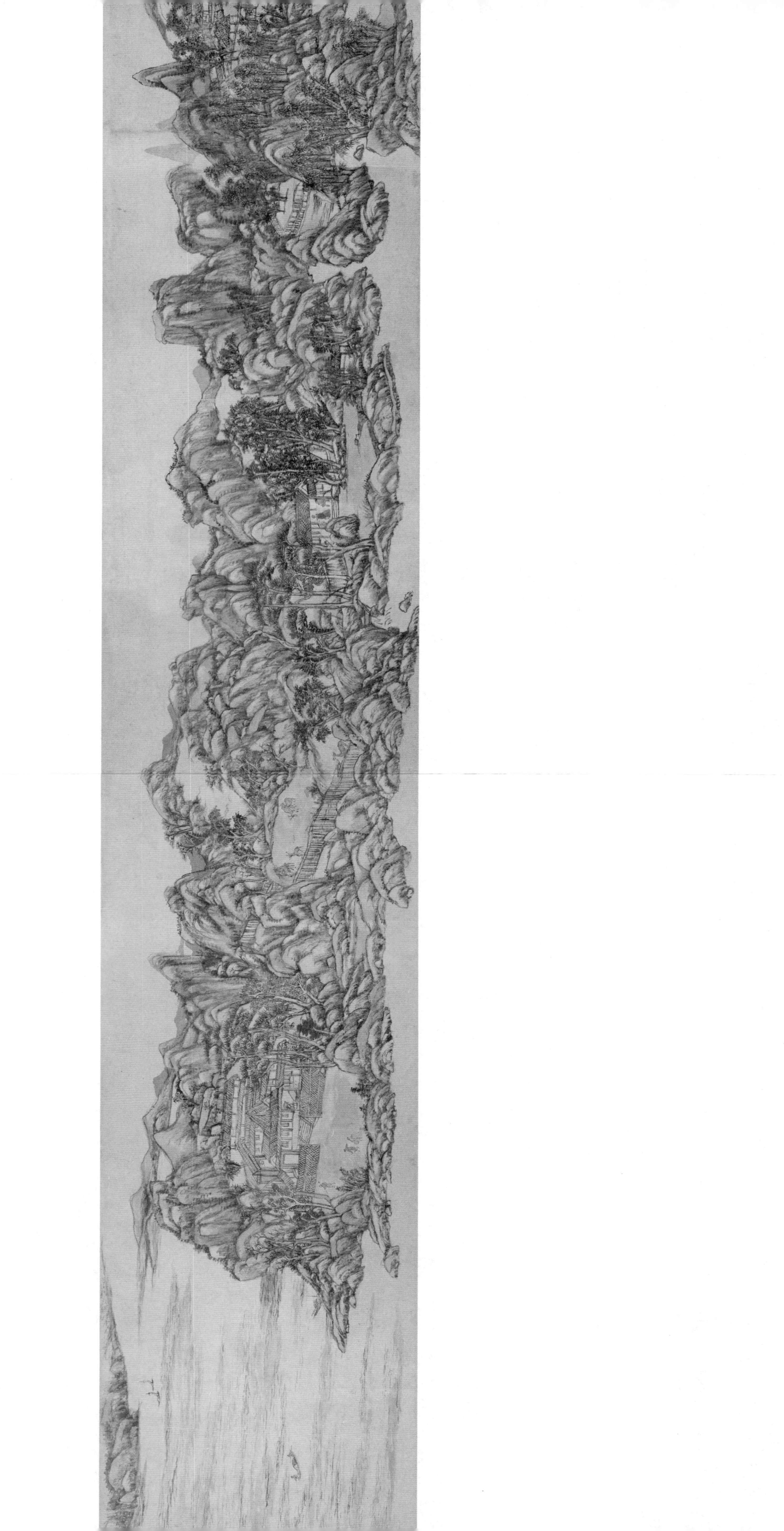

图15-1-3
[清]王原祁《辋川图》卷

華子岡
孟城坳
輞口莊
文杏館

第二节　北园图像

北园是北宋时期蔡确的别墅园，位于繁昌。蔡确，晋江人，北宋熙宁元年任繁昌知县，营造北园后，撰有《北园记》。《太平山水诗画》中有《北园载酒图》。图中的背景为繁昌的群山，山麓种植有大片的竹林。北园坐落于竹林前，院内有条状的池沼，院墙墙基下开辟有水门，沟通内外水系。池中有置石，池边有筑山。假山高耸，山下古松苍劲，峰顶磐石向前突出，顶部平坦，坐有三人，正在观赏园外之景。池对岸、院墙前为院内主堂。主堂面阔三间，悬山顶，两边槛窗，中间敞开。前有台阶，通向月台。月台临池，绕以石栏。堂前种有芭蕉，芭蕉下置有案几。月台正面有太湖石峰，侧边停有小船（图15-2-1）。

图 15-2-1

［清］萧云从《太平山水诗画》——《北园载酒图》

第三节　坐隐园图像

坐隐园建于万历二十八年，位于安徽休宁松萝山麓，靠近黄山、齐云山，是明代徽州巨商、戏剧家汪廷讷的别墅园林。汪廷讷在坐隐园结交名士，朱之藩、袁黄、顾起元等以坐隐园为主题作有《题坐隐园景诗》《坐隐先生环翠堂记》《坐隐园百二十二咏》。著名诗人王伯谷、戏剧家汤显祖均到访过此园，汤显祖在《坐隐乩笔记》中对坐隐园美景赞赏有加。由此可见，坐隐园在当时的文人圈享有一定的盛誉，是明后期徽州一带典型的文人园林。

汪氏环翠堂曾刊刻有木刻版画长卷《环翠堂园景图》（图15-3-1～图15-3-9），详细描绘了坐隐园的构成与要素，反映了明代徽州园林的营造水平与特色。该图卷全长1486厘米，高24厘米，共雕刻有45块图版，最初由环翠堂书坊以白绵纸印刷，是关于明代徽州坐隐园的重要图像史料。①

坐隐园主人汪廷讷，字昌朝，号无如，别号无无居士、松萝道人，生于明朝嘉靖元年，休宁人，是明代著名的戏曲家、文学家、出版商，曾出版有《坐隐先生集》《坐隐园戏墨》《养正小史》等著书，还编了《彩舟记》《狮吼记》等散曲，收录在《环翠堂乐府》中。汪廷讷早年曾经商致富，后出仕做官，辞官后归隐家乡，营建坐隐园，刻书立说，并组建"环翠社"，结交文人名士，与其有交往的包括画家董其昌、钱贡、丁云鹏，以及剧作家汤显祖、文学家文震孟等人。汪廷讷创建了环翠堂书坊，以刻书、卖书为业。环翠堂书坊因而成为明代中后期版画业发展的重镇之一。

环翠堂是坐隐园的主厅，是园主汪廷讷会客、交友的场所，因此这幅描绘坐隐园的长卷以环翠堂为视觉中心，称为《环翠堂园景图》。

《环翠堂园景图》由钱贡绘制，黄应组主刀刊刻。钱贡，字禹方，号沧州，江苏吴县（今苏州）人，擅长工笔风格的山水画、人物画，画风俊秀清雅，描绘精微。黄应组，字仰川，为明代著名的版画刻工。黄应组所在的安徽黄氏家族自明代中叶起一直从事版画事业，刻工手法代代相传，家族内成员镌刻过多种我国古代版画史上的代表性作品，如《状元图考》《帝鉴图说》《牡丹亭记》《徐文长批评北西厢》中的插图。黄应组镌刻过多幅版画，《环翠堂园景图》是其代表作品之一。

全图最右侧卷首题有图名"环翠堂园景图"，以篆书写成。图名左下方写有"上元李登为昌朝汪大夫书"。图名左下另写有"黄应组镌"四字。黄应组为图卷的刻工。

整个图卷从右向左依次展开，观图的视点从右向右依次移动，这种位序关系与入园的游线安排相呼应，在图卷的逐步展开过程中完成了观者入园和游园的空间体验。

从画面自右上角的群山部分开始，主峰名曰白岳（齐云山），两侧峰峦叠嶂，云雾缥缈，更远之处还隐隐有山体轮廓，表明坐隐园所处的环境为郊外

① 北京大学中国传统文化研究中心：《宋元明清的版画艺术》，郑州：大象出版社，第71页。

山野、远离城镇，符合文人隐士对于隐居生活的环境要求。视点向左，松萝山一带山岭层层叠叠，山势之间有连绵之势，没有像白岳的突兀山体。山坡上绘有众多的树木，主要为香樟和松树。山间有一条山路，蜿蜒曲折，从左向右延伸。这条山路是进出坐隐园必经之路，山路两侧为山壁所挡，但在山路转折之处有较为空旷的视野。松萝山中建有寺院，呈前殿后塔的格局。寺中主殿至少两层，上层为歇山顶，开有三个拱门，门前有栏杆，下层为树木所遮挡。塔为攒尖顶，塔身呈圆形，因树木遮挡无法辨别层数。寺前有磴道顺山势而下，与山路相连。远处山岭上也建有两座攒尖顶圆塔，右侧塔身瘦长，层数较多，左侧塔身体量较大较低矮。

仁寿山围合成山坳，山前后种有松树、桃树、梅花树，山坳内地势低平，有出入口与山路相连。右侧入口处建有碑亭。坳中为方形的池塘，石砌驳岸，池中种满荷花，池边种有柳树。池塘一侧为旗杆，杆身插入石础中。池塘另一侧平地上放置有方形石桌。池前靠近山路处有一座由四株独杆树支撑的牌坊状构造物。仁寿山后为梅里，极有可能为赏梅的佳处。岭上平坦处建有四柱攒尖顶草亭一座，具有明显的观景作用。

仁寿山一侧的山谷中，建有玄通院和善福庵，为出家之人修身养性之处。[1]两处观庵合用一个山门。山门面阔三间，屋顶为歇山顶，中间高两边低，屋顶正脊两端有吻兽。进山门后直行为善福庵，向右转则是玄通院。山前有横溪，名为玉带河。

自山门沿着条石路而下，可至玉带河边的正义亭。亭前有桥横跨玉带河，桥身微拱，两侧有石栏杆。在此休憩。亭侧为农田，田间阡陌纵横，农夫们在田中赶牛犁地和翻土。一条条石铺设的平坦大道，穿过农田，连接两边的正义亭和山路，路中有一方形的望台，台边设置有栏杆和石凳，路人可在此休憩和赏景。玉带河沿着仁寿山山脚从农田边上流过，是农田灌溉和生活用水的水源。河边有山路磴道与农舍相连。

沿条石大道穿越农田后，经过一片山地丘陵，延伸至水边的望亭，亭上悬挂“高士里”三字。高士里亭亭前立旗杆，具有引客的功能。亭四面均与道路相连，前主路与平桥相接，桥两边有木质栏杆。另一条主路通向坐隐园入口大门。

坐隐园入口为一广庭。广庭一侧为水体，水边种植有桃树、柳树。广庭另一侧为玄庄大门与高阳馆。高阳馆窗前植树，树桩作旅客拴马用，建筑的功能是作为酒馆或者饭馆。广庭中间为直行的条石甬道，连接高士里亭与园门。

大门至洞灵廊、六桥这一段为临水建筑群，入口门厅造型庄重，正门门洞上悬挂“大夫第”三字，山墙上写有“坐隐园”三字。门厅后有围合的小院，院内种植有茂密的竹子。院后为平庭，庭两边有直廊，中央一条直行的条石甬道通向“名重天下”门厅，甬道两侧各有一处幡杆，插于石础之上。“名重天下”门厅中间为隔扇门，两侧为不能开启的长窗。平庭侧边有小门通向

---

① 休宁县人民政府：《剧作家汪廷讷》，http://www.xiuning.gov.cn/newsdisp.asp?id=20234，2015年6月6日登录。

小型泉院，泉院中间井泉名为“独立泉”，泉边有水月廊。此段园墙外临水，水边建有“沧州趣”水榭，榭旁建有洞灵庙，庙旁有门洞与六桥相连。六桥架于水上，造型为折桥，桥面一侧有栏杆。

六桥与长堤相接，长堤曲折狭长，延伸至桃坞。堤上种植柳树、桃树、梅花树。桃坞种满桃花树，岭上有天花坛，架有石桌石凳，是赏花饮酒之处。靠近桃花坞的岸边建有船坞，以木条支撑屋顶。长堤自桃花坞转折向昌公湖延伸，沿途有竹篱茅舍、钓鱼台和龙伯祠。钓鱼台与龙伯祠之间种植成排的芭蕉树。长堤后隔河为飞虹岭，有山道可登岭，坡顶平台上有石桌石凳供人远眺休憩。前景为万锦堤，实际上一大一小两处洲岛通过拱桥连接而成。大洲岛附近水中有一座圆顶茅亭——天放亭，涨潮时登亭的通道淹没于水面之下。小洲岛建有三开间牌坊，上写“万锦堤”三字，牌坊下有一石碑，刻有“昌公湖”三字。

万锦堤前临昌公湖湖面。湖面广袤，有两只飞鸟掠过。湖心矗立有“砥柱石”和“倚屏石”。倚屏石中有空洞，为典型的太湖石峰。砥柱石为巨石笋。湖心有一处湖心亭，实际为水榭，四面临水，建于高大的台基上。榭内有案几，数人在此宴乐，旁有小船运载酒食至此。

坐隐园中心区的主入口位于湖边，入口前为直行的条石道路。道路一侧为昌公湖驳岸，岸边种植垂柳，另一侧为院墙，墙外有成行种植的直立树。入口门厅为歇山顶，侧面两层屋檐，檐角飞翘。门厅旁有一方形小园，园内四周种满竹林，林中有平地，置有石几石凳，几位文士在此饮酒聚会。

坐隐园的中心建筑为环翠堂，其后面为嘉树庭。嘉树庭楼后与两层建筑相连。环翠堂前有天井，四面廊墙围合，前面开有一门，门外为复廊。环翠堂天井前方为长方形的中院，院中有一条直行甬道作为主路，与环翠堂大门前的台阶相连，并且与环翠堂、嘉树庭楼构成园区的中轴线。甬道两侧有花台、石台、花盆，栽种整齐的植被。甬道另一端与羽化桥相连。羽化桥为石拱桥，架于池塘之上。池塘为长方形，池边围合有铁艺栏杆，池对岸有太湖石置石成峰。中院两侧为格网墙，一侧开有两门，与无如书舍相通。另一侧无门，植被较多，格网墙外的甬道与凭萝阁相通。

凭萝阁是坐隐园中重要的建筑物，位于环翠堂旁的跨院中。跨院前有一门厅，面阔三间，采用直棂隔扇门样式，平时中间打开，两侧关闭。门厅屋顶中间高，两侧低，博风板和屋脊装饰精美，屋檐下刻有“山庐”牌匾。进入门厅向右即可进入凭萝阁。凭萝阁与L形两层游廊相连，游廊与院墙围合成凭萝阁小院，院内与廊下放有石几，几上摆设有花盘、盘景和玩石。凭萝阁前院子很小，有侧门名曰“白云扉”。

百鹤楼建于高台上，面向假山池沼为主体的园林区。高台名为“达生台”，上下两层，中间有平台，四面环有栏杆，台上建有悬山顶建筑“鸿宝关”，侧边与另一建筑“小有天”相连，台前伸出半廊“凝碧”。百鹤楼后为小院——秘阁，总体为方形。入口为如意门，门内为贴墙廊。院中心为冲天泉，主体为龙首鱼身鱼尾的雕塑，泉水自龙口中向上喷出，是当时很少见的喷泉。秘阁院中一侧有一座屋宇，悬山顶，屋脊较为朴素，屋檐下为一排槛窗，屋宇入口面向冲天泉。

秘阁附近另有一处小院，位置隐秘，入口写有“兰亭遗胜”四字。院内无建筑，中心为宽大的石几，凿有曲水渠，用于文士的曲水流觞活动。院内墙边有长条形的石台，摆放数盘兰草。石几旁边有鼓凳、石凳，供聚会者使用。百鹤楼面向假山池沼区。假山池沼区以池塘为中心，环池布置假山群、石峰，穿插以磴道、园路、拱桥、平桥，在开阔处布置平台、望亭，形成以山水为主体的休闲观景区。此区又可分为假山段、紫竹林区、素亭区、蟾台段。假山段主要指池塘边堆砌的假山，上下两层磴道，假山尽头为池塘的水源，山涧水自玄津桥桥洞下涌出，汇成水面，自高而低从堰口泻下，流经石板桥，汇入大池塘。玄津桥为石拱桥，通向紫竹林。紫竹林内有一座供奉神像的道观。紫竹林旁为一山丘，山顶削平，建有六柱圆顶草亭，名为“素亭”。素亭与山下通过环绕的山道相连，山道外侧有栏杆。山丘与池沼之间以及紫竹园之间有篱笆格网墙，开有两个出入口，一处位于水边，以两棵树为支柱，另一处在靠近玄津桥处。

素亭山丘一侧，由院墙、篱笆格网墙围合成平坦小院，中心建筑为观空洞。观空洞旁为方形池塘，池四周砌有石造栏杆，池中置石并种植了植被。池后为假山竹林，旁有一座朴素的茶房建筑。观空洞另一侧有一座卷棚歇山顶建筑，屋檐下隔扇窗开启，面向登往素亭的山道。其后方的院墙下有藤架，架下种植有紫藤。院中空地上间隔种有竹丛，丛中有高大的置石和石几。

出观空洞小院外为另一组山丘，有两个山头，均削为平台，其间通过山道相连。一个山头称为“白藏岗”，平台较为宽敞，放置有四个鼓凳，并种有四株树木。另一山头平台较小，名为“蟾台”，仅容两人站立。山道交会后通向山头下的半偈庵小院。半偈庵与山体之间用格网篱笆隔离。小院主体建筑为半偈庵，其一侧为清庐境，对面为牡丹林，牡丹花丛中立有数座宏伟的石峰。

水榭名为“无鱼居”，榭内有和尚、道士和数位文人在交谈。水榭面向池塘，池中有鸳鸯戏水，水面上架有曲桥，池边空地上种有竹林，并置有石台，台上放有盆景数盘。池边另有一处藏书房，名为“东肆”。[①]

---

① 许浩、吴净、崔婧：《基于〈环翠堂园景图〉的明代坐隐园研究》，中国园林：2018年第8期，第34、121—124页。

图 15-3-1
[明]钱贡《环翠堂园景图》卷首至坐隐园入口区段一

图 15-3-2
[明]钱贡《环翠堂园景图》卷首至坐隐园入口区段二

图 15-3-3
[明]钱贡《环翠堂园景图》坐隐园入口段

環翠堂園景圖
上元李登為
昌朝汪大夫書

图 15-3-4
[明]钱贡《环翠堂园景图》昌公湖段一

图 15-3-5
[明]钱贡《环翠堂园景图》昌公湖段二

图 15-3-6
[明]钱贡《环翠堂园景图》中心建筑区段

图 15-3-7
[明] 钱贡《环翠堂园景图》百鹤楼区段一

图 15-3-8
[明] 钱贡《环翠堂园景图》百鹤楼区段二

图 15-3-9
[明] 钱贡《环翠堂园景图》卷尾

第四节　寄畅园图像

寄畅园始建于明代，是无锡秦氏家族的别墅园林。无锡秦氏在明清时是江南望族。秦氏祖先秦观为北宋大词人、大文豪，其十一世孙秦惟桢（字国祥，号起山）于南宋淳祐年间迁入无锡定居，该家族在无锡兴盛起来。明正德年间，曾任礼部尚书、兵部尚书的秦金（1467—1544，字国声，号凤山）购得元代兴建的两处惠山寺僧舍，在此营造凤谷行窝，作为其修身养心、友人相聚、作诗赋对的别墅园林。秦金去世后，凤谷行窝传承给秦瀚（1493—1566，字叔度，号从川）、秦梁（1515—1578，字子成，号虹洲）父子，秦瀚对其大肆修葺、扩建，掘池筑山，营造景点，形成清淡卓绝的山水园林。[①]秦梁之后，凤谷行窝又传给其侄子秦燿（1544—1604，字道明，号舜峰）。万历年间，秦梁曾官至湖广巡抚，后因官场斗争被解职，返乡后寄情于山水之间。他取王羲之的《答许掾》中“取欢仁智乐，寄畅山水阴”之句，将凤谷行窝改名为寄畅园，大肆扩建，构筑了嘉树堂、清响斋、锦汇漪、清坊御、知鱼槛、清籞、涵碧亭、悬淙涧、卧云堂、邻梵阁、大石山房、丹邱小隐、环翠楼、先月榭、鹤步滩、含贞斋、爽台、飞泉、凌虚阁、栖玄堂等景点。康熙年间，秦梁曾孙秦德藻（1617—1701，字以新，号海翁）再次改筑寄畅园，聘请叠山名家张南恒之侄张鉽负责叠山工程，并引山泉至园中，景色幽深精致，成为江南名园。[②]康熙、乾隆南巡均途经无锡，数次驻跸于寄畅园中，在此园林流连忘返。乾隆爱其风景，命画师摹画寄畅园景观，并在京城清漪园中按照寄畅园样式营建了惠山园。[③]

《寄畅园五十景图》为明代画家宋懋晋的作品，每景一图，共计五十幅图像，分别为《石丈》《停盖》《清响》《采芳舟》《锦涟汇》《清籞》《雁渚》《知鱼槛》《花源》《霞蔚》《先月榭》《凌虚阁》《卧云堂》《邻梵》《箕踞室》《含贞斋》《藤萝石》《盘桓》《鹤巢》《栖云堂》《爽台》《小憩》《悬淙》《曲涧》《飞泉》《桃花洞》《涵碧亭》《环翠楼》《振衣冈》《缥缈台》《深翠》《香蒨》《鱼矶》《骈梁》《桂丛》《绿萝径》《凉荫》《禅栖》《翘材》《芙蓉堤》《梅花坞》《绾秀》《蔷薇幕》《夕佳》《旷怡馆》《濯足流》《抚薰》《汇芳》《云岫》《寄畅园》。

---

① 秦志豪主编：《锡山秦氏寄畅园文献资料长编》卷一，上海：上海辞书出版社，2009 年。

② 姜丽丽，王玉海：《无锡秦氏与寄畅园》，内蒙古大学学报（人文社会科学版）：2006 年第 3 期，第 94—97 页。

③ 周维权：《中国古典园林史》，北京：清华大学出版社，1999 年第 2 版，第 296 页。

《石丈》一图中，画面中央是一尊巨大的太湖石。作为园内的观景石，该石显示出明显的“瘦、露、透、皱”太湖石审美特征。石丈位于院落一侧靠近院门之处，其旁植有松树，近乎与石丈齐高。石丈前方，靠近院中位置有方形的水池，池边围合有石槛（图15-4-1-1）。

图 15-4-1 -1
［明］宋懋晋《寄畅园五十景图》——《石丈》

《停盖》图中，视点继续沿着院墙前移。此处铺设有直行的石甬道，通向画面右上角的堂宇。甬道两侧为草地，对称种植有高大的树木（图15-4-1-2）。

图 15-4-1-2
[明] 宋懋晋《寄畅园五十景图》——《停盖》

《清响》图中，视点移植院墙的拐角。院落临水，面向湖面。院外驳岸自然，植有柳树。院墙中挖有半圆形涵洞，园内水体与外湖相通。右下角可见一处院门，入内是一座跨水的平桥，临水岸上立有朱红栏杆（图15-4-1-3）。

图 15-4-1-3
[明]宋懋晋《寄畅园五十景图》——《清响》

《采芳舟》一图中，湖面占据了画面的主体。湖中一叶带有顶篷的游舟，坐有两位文士装束之人。船头一人正将手探入水中，仿佛在摘取什么。船尾两位船夫站立摇橹（图15-4-1-4）。

图 15-4-1-4
［明］宋懋晋《寄畅园五十景图》——《采芳舟》

《锦涟汇》一图所描绘之景与《清响》相近，然则视点转移到了院外，重点呈现了岸边千紫万红的风景。图中，驳岸上种植的多为桃花，芬芳嫣红。园内拐角则有一棵老树高高地挑起枝叶（图15-4-1-5）。

图 15-4-1-5
［明］宋懋晋《寄畅园五十景图》——《锦涟汇》

《清蘙》一图，视点转回到园内。图中水面占据了画面左下半部分。一列临水长廊向左上方延伸。长廊为立柱支撑，廊后是浓密的竹林。廊中与临水水阁相接，水阁为悬山顶，面向水面突出（图15-4-1-6）。

图 15-4-1-6
[明]宋懋晋《寄畅园五十景图》——《清蘙》

《雁渚》一图的视点沿着游廊继续前行。图中游廊尽头掩映在驳岸高坡之后。廊后可见竹林的边缘。水边种有芦苇、水草，水鸟立于岸边。画面呈现了秋风萧瑟的野趣之景（图15-4-1-7）。

图 15-4-1-7
［明］宋懋晋《寄畅园五十景图》——《雁渚》

知鱼槛为园内的水榭。《知鱼槛》图中，游廊自画面左下角，呈弧线走向，向左上方折行，插入假山之后。知鱼槛立于水面之上，歇山顶，底部依托排柱支撑，两侧与水廊相接。水中多鱼，知鱼槛正是一处赏鱼、观水景之处（图15-4-1-8）。

图 15-4-1-8
[明] 宋懋晋《寄畅园五十景图》——《知鱼槛》

《花源》一图中，视点继续沿着游廊前行。图中游廊自右上而向左下延伸，至左下角与院墙相接。长廊之后依旧是茂密的竹林。廊前则是花红柳绿，一派生机盎然之景（图15-4-1-9）。

图 15-4-1-9
[明] 宋懋晋《寄畅园五十景图》——《花源》

《霞蔚》一图中，画面中心是湖心岛，岛上建有一座四方围合的庭院。主建筑是一座面阔三间的歇山顶堂宇，堂侧与游廊相接，堂前有平整的草坪，对称植有灌木。堂后的院中可以看到耸立的太湖石和花木（图15-4-1-10）。

图 15-4-1-10
[明] 宋懋晋《寄畅园五十景图》——《霞蔚》

《先月榭》一图中，游廊继续延伸，直至被缥缈的云雾遮挡。这一段游廊贴近水面，廊后多树木，水中有月影，是赏月的佳地（图15-4-1-11）。

图 15-4-1-11
［明］宋懋晋《寄畅园五十景图》——《先月榭》

凌虚阁是园内的一处高阁，位于池沼之南。《凌虚阁》一图中，阁楼高有三层，三重屋檐，歇山顶。一层被树木遮挡，二层四面开半圆门，三层四面槛窗。槛窗全部敞开，内有两人凭栏观望。高阁四周弥散着缥缈之气，远处山影浓重（图15-4-1-12）。

图 15-4-1-12
[明] 宋懋晋《寄畅园五十景图》——《凌虚阁》

卧云堂是位于池南的一处建筑。《卧云堂》一图中，主建筑前后两座，均为布瓦歇山顶。前方的建筑面阔九间，进深三间，前面出廊，堂宇入口与台阶相接，台阶前是一块长方形的硬质地面，前接直行甬道。堂前院中有矩形水池，池中架有拱桥，与甬道相接。院落两侧均有直行的院墙（图15-4-1-13）。

图 15-4-1-13
[明]宋懋晋《寄畅园五十景图》——《卧云堂》

邻梵阁是园内南端的一处高阁。《邻梵》一图中，楼高两层，面阔三间，重檐歇山顶。两侧种满芭蕉等植被。阁下建有院墙，墙下挖掘有一汪池涧，池上架设有单孔石拱桥（图15-4-1-14）。

图 15-4-1-14
[明] 宋懋晋《寄畅园五十景图》——《邻梵》

《箕踞室》一图中，画面左下部为池涧，两侧驳岸上种有四株姿态各异的巨松。池后是一列横向的院墙。箕踞堂位于池侧，堂与曲尺状长廊连为一体，面朝池涧的一侧敞开，是一处观赏水景和松景的建筑（图15-4-1-15）。

图 15-4-1-15
[明]宋懋晋《寄畅园五十景图》——《箕踞室》

《含贞斋》描绘的为园内雪景。图中，含贞斋位于画面中央，面阔三间，两侧为槛窗，中间为出入口。图中院落较小，院中矗立着一座巨大的太湖石，石旁植有一株直立的松树（图15-4-1-16）。

图 15-4-1-16
［明］宋懋晋《寄畅园五十景图》——《含贞斋》

藤萝石是园内一座奇石。《藤萝石》一图中显示，该石位于水边坡地上，是体形巨大的太湖石，石内孔洞较大、较多，藤萝缠绕于石身上（图15-4-1-17）。

图 15-4-1-17
[明]宋懋晋《寄畅园五十景图》——《藤萝石》

《盘桓》一图的视点转移至院墙边的一处高冈上。图中院墙呈弧线和折线交错的走向。墙外为树林草地，墙内高冈上矗立着景石和巨松（图15-4-1-18）。

图 15-4-1-18
[明] 宋懋晋《寄畅园五十景图》——《盘桓》

《鹤巢》一图中，前景为寄畅园内，后景为园外的惠山寺。院墙前植有五株巨大的松树，松树枝下院墙边为成排的竹子，院墙拐角处有一座高冈，冈上建有一座三开间、歇山顶的屋宇。该建筑面朝松树的两面为长槛窗（图15-4-1-19）。

图 15-4-1-19
［明］宋懋晋《寄畅园五十景图》——《鹤巢》

栖云堂为园内会客、观景的建筑物。《栖云堂》图中，该建筑位于院墙拐角处，面阔三间，进深一间，歇山布瓦屋顶，四面出廊。建筑物墙壁上开有圆窗，较为通透（图15-4-1-20）。

图 15-4-1-20
[明] 宋懋晋《寄畅园五十景图》——《栖云堂》

《爽台》一图中，一座宽大的崖台自篱墙伸出。崖台平坦，植有树木，上可坐人，一派秋高气爽之景（图15-4-1-21）。

图 15-4-1-21
[明]宋懋晋《寄畅园五十景图》——《爽台》

《小憩》一图中，坡冈之下是折线状的院墙，院墙内有池沼，池中矗立有太湖石筑起的假山。池沼与院墙之间是一座供休憩用的四方攒尖亭，亭顶由四柱支撑，三面围合有美人靠，一面敞开作为出入口（图15-4-1-22）。

图 15-4-1-22
[明]宋懋晋《寄畅园五十景图》——《小憩》

《悬淙》一图中，池边的假山中巨石耸立。松树之后露出一座砖砌六边形高台，台上建有一座六边形景亭，是园内登高观景的场所。景亭为攒尖顶，柱子与栏杆均为朱红色，柱子之间围合有美人靠（图15-4-1-23）。

图 15-4-1-23
[明]宋懋晋《寄畅园五十景图》——《悬淙》

《曲涧》一图视点转向高台之下曲折流淌的溪涧。溪涧中有大小不一的磐石，水面上架设有两座石板桥。两侧驳岸的土冈上或耸立，或横卧着数尊太湖石（图15-4-1-24）。

图 15-4-1-24
[明]宋懋晋《寄畅园五十景图》——《曲涧》

《飞泉》图中，画面下半部是宽阔的池沼水面，池边有悬石，瀑布自悬石之上直泻入水中，形成一景。瀑布之水来自曲折流淌的溪涧。画面右下角是配有朱红栏杆的平桥，正是观赏飞泉的佳处（图15-4-1-25）。

图 15-4-1-25
［明］宋懋晋《寄畅园五十景图》——《飞泉》

《桃花洞》一图中，巨大的太湖石峰中有石洞，石峰遮挡住了一部分驳岸，驳岸之后、石峰之前有成片的桃林。水面平静，有游船经过此地，船中人正在欣赏这姹紫嫣红之景（图15-4-1-26）。

图 15-4-1-26
［明］宋懋晋《寄畅园五十景图》——《桃花洞》

涵碧亭是观赏飞泉的水亭。《涵碧亭》一图基本延续了《飞泉》的内容，但是视点移到了涵碧亭上。图中，涵碧亭位于湖中小岛上，与折桥相接。该亭四面通透，面阔三间，进深一间，歇山顶，面向飞泉的方向挑出宽大的平台（图15-4-1-27）。

图 15-4-1-27
［明］宋懋晋《寄畅园五十景图》——《涵碧亭》

环翠楼为园内的楼阁。《环翠楼》一图中，楼阁背倚坡冈，底部被树林遮挡，层数不明。顶层皆开槛窗，具有赏景和眺望的功能。楼顶为歇山顶，装饰较为精致（图15-4-1-28）。

图 15-4-1-28
[明] 宋懋晋《 寄畅园五十景图 》——《 环翠楼 》

《振衣冈》一图中，篱墙围合之中是一座斜向伸出的坡冈。坡上有树和少量的太湖石。冈头上可站人，是一处适于远眺风景和相谈交流的场所（图15-4-1-29）。

图 15-4-1-29
［明］宋懋晋《寄畅园五十景图》——《振衣冈》

《缥缈台》一图中，画面中心是一座两层高的楼阁，两重檐顶，屋顶为歇山顶。二层屋内可盘腿容纳两人。二层向前方挑出一座平台，石栏三面围合，是一处观景之地。平台建立在砖砌高台上。缥渺台四周雾气缥缈，台下是院墙和沿墙种植的林木。台后隐约可见坡冈和拱桥（图15-4-1-30）。

图 15-4-1-30
［明］宋懋晋《寄畅园五十景图》——《缥缈台》

《深翠》一图所绘为凌虚阁，相比较于《凌虚阁》一图，二层与三层建筑形制相同，一层为白色墙壁，开辟有圆洞门。阁四周为篱墙围合，树木葱郁。登阁四望，满目皆翠（图15-4-1-31）。

图 15-4-1-31
[明]宋懋晋《寄畅园五十景图》——《深翠》

《香蒨》一图中，院墙从左向右上方呈直线状延伸，墙后种植有茂密的排竹。墙内是平坦的小院，主建筑面阔三间，前方出廊，面朝院落。景致显得安静、幽秘（图15-4-1-32）。

图 15-4-1-32
[明]宋懋晋《寄畅园五十景图》——《香蒨》

《鱼矶》一图所绘的是水面中的石矶。石矶由数座太湖石组合而成，其中有一耸立的巨大太湖石较为突出，其旁是一座石笋。石矶中有土壤，生长有姿态婆娑的花木（图15-4-1-33）。

图 15-4-1-33
［明］宋懋晋《寄畅园五十景图》——《鱼矶》

《骈梁》一图所绘是水中的折桥与平台。折桥自画面右下角的驳岸伸出，二折之后与平台相接。平台宽大，台四周和折桥两侧皆有朱栏。岸边花木繁盛（图15-4-1-34）。

图 15-4-1-34
[明] 宋懋晋《寄畅园五十景图》——《骈梁》

《桂丛》图中，前景为一方小院，墙边种植有桂花树丛。院内有数只仙鹤在觅食。院内主建筑面向院落，布瓦顶，前有栅栏，建筑功能不明。院后为隆起的山冈（图15-4-1-35）。

图 15-4-1-35
［明］宋懋晋《寄畅园五十景图》——《桂丛》

《绿萝径》一图展示了直线形院墙围合的院中，矗立着一尊巨大的太湖石。石体较瘦，孔洞众多。石旁植有两株高大的芭蕉（图15-4-1-36）。

图 15-4-1-36
[明] 宋懋晋《寄畅园五十景图》——《绿萝径》

《凉荫》一图中，曲线形的院墙横向展开，墙中开辟有院门。门前是篱墙围合的小径，路旁、院内林木葱郁（图15-4-1-37）。

图 15-4-1-37
[明]宋懋晋《寄畅园五十景图》——《凉荫》

《禅栖》一图描绘的是园内的寺庙。寺庙位于院墙边，前后两栋建筑。建筑均为单檐布瓦歇山顶，前面的建筑开一门洞，后面的建筑面阔三间，门洞两侧各开有一窗。建筑内是以栅栏隔离的参拜空间（图15-4-1-38）。

图 15-4-1-38
[明]宋懋晋《寄畅园五十景图》——《禅栖》

《翘材》一图描绘的亦为园内一角。图中院墙自左下角折向右上方。墙边矗立有一座屋宇，面阔三间，前面出廊，建筑出入口开敞，面向墙角处的一株巨大的树木。树木主干粗壮，枝叶茂盛（图15-4-1-39）。

图 15-4-1-39
[明]宋懋晋《寄畅园五十景图》——《翘材》

《芙蓉堤》所绘为游廊边的一处堤岸。图中游廊在画面右下角，水面占据了画面中央大部分。自游廊向水面伸出堤岸，岸边种植了大量的芙蓉花（图15-4-1-40）。

图 15-4-1-40
[明]宋懋晋《寄畅园五十景图》——《芙蓉堤》

《梅花坞》一图中，背景为隆起的坡冈。山坳中是一座以廊庑、建筑围合的院落。建筑均为布瓦顶，造型与装饰朴素。院中有平坦地，也有小坡冈，种满了白梅（图15-4-1-41）。

图 15-4-1-41
[明] 宋懋晋《寄畅园五十景图》——《梅花坞》

《绾秀》一图中，折线形的院墙将院落分为前后两块。后院中树木较浓密，枝叶葱郁。院墙中开有小门，门扉为朱红色，上有小歇山顶。前院草地两侧各植有一株巨树（图15-4-1-42）。

图 15-4-1-42
［明］宋懋晋《寄畅园五十景图》——《绾秀》

《蔷薇幕》一图中，折线状的驳岸和画面左下角的游廊围合着池塘。沿驳岸是朱红的围栏。池塘与后面的院墙之间是成片的草地。地上架设有篱墙，以及用篱笆搭建的构架，其上有大量的蔷薇（图15-4-1-43）。

图 15-4-1-43
［明］宋懋晋《寄畅园五十景图》——《蔷薇幕》

《夕佳》一图中，院墙绘于画面左下角，墙内有书屋，屋内一人正向外张望。墙外为远山、青松和寺庙，夕阳山影中平添一分动人的光彩（图15-4-1-44）。

图 15-4-1-44
[明]宋懋晋《寄畅园五十景图》——《夕佳》

《旷怡馆》一图中，远处为云雾缭绕的五株巨松。近处是一方院落，院墙内是两栋朴素的屋舍，均为布瓦歇山顶，扉门敞开。馆内之人斜卧榻上（图15-4-1-45）。

图 15-4-1-45
［明］宋懋晋《寄畅园五十景图》——《旷怡馆》

《濯足流》一图所绘为一汪方池，池边立有巨石，池沿砌有朱栏。池中之水流淌甚急，水源来自上方的溪涧。池边坐有一人，以脚深入水中，正在濯足。池涧两侧均为坡冈，植有花木。巨石之后的高台上建有一座景亭（图15-4-1-46）。

图 15-4-1-46
[明]宋懋晋《寄畅园五十景图》——《濯足流》

《抚薰》一图视点聚焦于院内的一处琴舍。图中琴舍为布瓦悬山顶，面阔三间，装饰朴素无华。扉门敞开，屋内一人面向院子正在抚琴。院内草地上植有树木（图15-4-1-47）。

图 15-4-1-47
[明]宋懋晋《寄畅园五十景图》——《抚薰》

《汇芳》一图的视点又回到了蔷薇幕。图中朱红色的花架与蔷薇形成蔷薇廊。蔷薇廊较为高大，内可坐人、行人。花架内部通道直对画面右下角的园门。墙后隐约可见一尊太湖园石的轮廓（图15-4-1-48）。

图 15-4-1-48
[明] 宋懋晋《寄畅园五十景图》——《汇芳》

《云岫》一图描绘的为四尊巨大的太湖石。石头均立于墙边，高出墙头甚多，云雾缭绕，姿态万千，宛若峰峦（图15-4-1-49）。

图 15-4-1-49
［明］宋懋晋《寄畅园五十景图》——《云岫》

《寄畅园》为本图册的尾图，视点高远，全景式地呈现了寄畅园的景观。图中寄畅园坐落于惠山山麓，院门面对的是成片的农田。院墙之后是成排的树木和竹林，以及高耸的太湖石。图中可清晰地看到园内有较大的池沼，池中有廊桥，池边有游廊，屋宇、楼阁错落布置、相得益彰。院角数株巨松姿态挺拔。远处的山顶上依稀可见两座塔影（图15-4-1-50）。

图 15-4-1-50
[明]宋懋晋《寄畅园五十景图》——《寄畅园》

清代寄畅园有了改动。《南巡盛典》中有一幅木刻版画插图《寄畅园》（图15-4-2），记录了清代乾隆时期寄畅园的景观风貌。画面前景为大面积的池沼，名为锦汇漪，水源引自惠山泉水，左右狭长。池前方为院墙，墙中出入口处后，临水边有水榭知鱼槛。其对岸为土石山，山上密植林木，满山苍翠，形成主体山水骨架。山中有数条磴道盘旋，连通山顶与岸边，图右侧的峰顶上两株巨大的梅花树，下建有梅亭。假山中部临水处有突出水面的石矶，与水边曲径相通，名为鹤步滩。

图像右侧，假山下池边建有嘉树堂。该堂面阔三间，坐北朝南，前面出廊，南有平台临水。嘉树堂侧前方架有七星桥，桥形较直，直达知鱼槛旁边的石矶。[①]图中锦汇漪左侧有建筑宸翰堂、天香阁、卧云堂、凌虚阁。宸翰堂距离较远，隐在山石植被之后。天香阁面朝土石山，高两层，前有方院。卧云堂一侧有曲折的游廊直达池边，堂前平台前的甬道通向单孔石拱桥。凌虚阁位于池隅，阁高两层，阁前有一尊介如石。

图 15-4-2
[清]《南巡盛典》——《寄畅园》

① 杨鸿勋：《江南园林论》，上海：上海人民出版社，1994 年，第 338 页。

第五节　东庄图像

东庄又名东圃、东墅，是吴越国广陵王的别业。吴宽之父吴孟融购得此地，易名东庄，建成了园林别墅。吴宽（1435—1504）继承父业，不断修缮东庄，使其成为文人相聚交流之地。沈周所作《东庄图》为纸本册页设色水墨，纵28.6厘米，横33厘米，包括东城、西溪、拙修庵、北港、朱樱径、麦山、艇子浜、果林、振衣冈、桑州、全真馆、菱豪、南港、曲池、折桂桥、稻畦、耕息轩、竹田、续古堂、鹤洞、知乐亭，共二十一开图页，每图一景，配以题跋，较为全面地记录了明代东庄的景观风貌。

《东城》一图描绘的应为东庄外围风景。图中，左右横列有一道山岭，山上有城墙，一部分城墙的砖面露在外面。山岭下有河流，右侧河上跨有石拱桥，拱洞下两艘小船正在穿行。河边芦苇丛生。芦苇前方为大片的空地，空地前的树林中建有数栋房屋（图15-5-1）。

图 15-5-1
[明] 沈周《东庄图》——《东城》

《西溪》图中，一条曲折的溪流自远而近流淌，两岸植被葱郁，左侧岸边山坡上种有茂密的竹林。岸边搭建有木台，河中植有木桩，竹林后隐约可见两栋房屋的屋顶（图15-5-2）。

图 15-5-2
[明]沈周《东庄图》——《西溪》

《拙修庵》中，主体图像为一间草顶庵房，抬梁式构架，屋内盘膝坐有一位文人，身前有案几和火炉，身后有书格。屋前后有竹丛等植被，前面一堵"之"字形矮墙，挡住了竹丛和一部分庵房（图15-5-3）。

图 15-5-3
[明]沈周《东庄图》——《拙修庵》

《北港》图面中心为大片的池沼，池内有盛开的荷花睡莲以及丛丛水草。池沼前后有水口，一侧为山坡，坡上植被葱郁，岸边也点缀有一些树木（图15-5-4）。

图 15-5-4
[明]沈周《东庄图》——《北港》

《果林》图像的主体为大片的花木林，树木姿态万千，前后为田埂草茎，一条窄窄的小溪自林中流淌而出（图15-5-5）。

图 15-5-5
[明] 沈周《东庄图》——《果林》

《麦山》一图中的主体为大面积的麦田，麦田长在山丘上。麦丘前方有溪涧流淌，岸边植有柳树，岸上有数栋草顶房屋。麦丘后方为树林，林木直立，一条小径自其中穿过（图15-5-6）。

图 15-5-6
[明]沈周《东庄图》——《麦山》

《艇子浜》一图中，河流横淌，两岸土坡上种有数株柳树和梅花树。河中建有一座船屋，内有一条小艇。柳树后面可见一座灰瓦歇山顶房屋（图15-5-7）。

图 15-5-7
[明] 沈周《东庄图》——《艇子浜》

《稻畦》图中，大面积成片的田野中阡陌纵横，一条“之”字形小径沿田边延伸。田后侧有两栋草屋，屋旁柳枝依依（图15-5-8）。

图 15-5-8
[明]沈周《东庄图》——《稻畦》

《振衣冈》一图中，画面中心为隆起的山冈，一条曲折的山径自山下延伸至山顶平台。山坡上站立有一人，正在远眺。山中植被葱郁，颇有野趣。山下临水，远处群山以淡灰蓝色渲染，增加了空灵之感（图15-5-9）。

图 15-5-9
[明]沈周《东庄图》——《振衣冈》

《桑州》一图中，主要描绘了园内的桑树林。桑树是具有经济作用的植物，图中桑树林位于洲岛上，洲岛前面与堤岸相通，下有通水孔，两侧为水面（图15-5-10）。

图 15-5-10
［明］沈周《东庄图》——《桑州》

《全真馆》图中，前景为大片的自然坡地，两条小河在其中汇合，并流向右前方。河口之处有一艘小船，船上一人摇橹，一人坐于船头。两岸植被较为散乱，显然未经人工种植和修剪。后方有大片的竹林，树木丛中、溪涧尽头可见数座全真馆馆舍，建筑基本为林木所挡住，仅露出屋顶和入口（图15-5-11）。

图 15-5-11
［明］沈周《东庄图》——《全真馆》

《菱豪》图中，自远而近是一条“之”字形小河，河内种植有成片的菱，河中停泊有三艘采菱小船。河两岸一片原野景观，河边种植有数株柳树，柳枝、芦苇随风飘曳。坡上疏竹下有数栋茅屋，屋前方以栅栏围合成院，并开有栅栏门。门口一条曲折的小径通向河中的板桥（图15-5-12）。

图 15-5-12
[明] 沈周《东庄图》——《菱豪》

《南港》图中，画面前方为曲折流淌的河流，河面不宽，河中停泊有三艘渔船。河前方为成片的田地，并种有竹子。后岸上为成片的树林，林中露出三栋屋宇的屋顶（图15-5-13）。

图 15-5-13
[明]沈周《东庄图》——《南港》

《曲池》图中，作者从较近的视点描绘了池沼。画幅中，池沼占据了左半部分，池中种有荷花睡莲，有溪涧通向左上方。前方岸边种有数株花卉，后侧的岸上花丛较为密集（图15-5-14）。

图 15-5-14
［明］沈周《东庄图》——《曲池》

《折桂桥》图中，一座板桥横跨溪河两岸，两岸篔竹丛丛，一株巨大的桂花树屹立于右岸。树下建有一座歇山顶庙宇（图15-5-15）。

图 15-5-15
[明] 沈周《东庄图》——《折桂桥》

《朱樱径》图像的主体为大片的花木林，树木姿态万千，前后为田埂草茎，一条窄窄的小溪自林中流淌而出（图15-5-16）。

图 15-5-16
［明］沈周《东庄图》——《朱樱径》

《耕息轩》图中，画面主体耕息轩面阔三间，歇山灰瓦顶，屋内一人横躺于抬高的地板上，正在读书休憩。轩后为树林地，轩前有一堵茸顶的院墙，墙中开辟有院门，墙后大片的田地，屋角放置有一些耕地农具。屋内之人正是在劳作之后于屋内休息（图15-5-17）。

图 15-5-17
[明] 沈周《东庄图》——《耕息轩》

《竹田》图中，大部分画面描绘的为阡陌纵横的田地，田埂间有丛丛竹林。一条河流自近而远，河对岸为隆起的山冈。河流与田地之间有曲折而行的田边小径。远处河边竹林下建有数栋房屋（图15-5-18）。

图 15-5-18
［明］沈周《东庄图》——《竹田》

《续古堂》一图中，主体建筑续古堂直面画外，建筑面阔三间，主间突出，次后退，主间的隔断上挂有人像。堂前为空地，堂后多篑竹、树林，侧边有围墙围合院落（图15-5-19）。

图 15-5-19
[明]沈周《东庄图》——《续古堂》

《鹤洞》一图中，作者以浓重的笔墨描绘了重叠的山冈。山下有一洞，是养鹤之地。洞前空地上站立一只鹤，洞口有打开的木栅栏门。洞前有溪涧流过，溪水边水草丛生，远处山岭上有成片的树林（图15-5-20）。

图 15-5-20
[明]沈周《东庄图》——《鹤洞》

《知乐亭》图中，画中有大片的水面，知乐亭矗立于水边。该亭实为水榭，面阔三间，歇山灰瓦顶，靠岸的一侧有窗棂和帷幕，临水面没有隔墙，以木栏杆围护，图中一位文士正倚靠在栏杆上赏鱼（图15-5-21）。

图 15-5-21
[明] 沈周《东庄图》——《知乐亭》

第六节　拙政园图像

拙政园位于苏州娄门内东北街。唐朝时，此处为陆鲁望的宅地，元朝时为大宏寺所在。明朝弘治年间，御史王献臣（字敬止，号槐雨）罢官后在此营造宅园，园名取自晋朝文人潘岳的《闲居赋》中的“拙者之为政”之句，名“拙政园”。嘉靖六年（1527），文徵明辞官回乡，返归苏州，潜心研究文学和绘画。文徵明是著名文人、书画家、收藏家，吴门画派的代表人物，与王献臣关系良好，曾经一同出游，并多次以拙政园为主题题诗作画。如嘉靖七年（1528）绘制了《槐雨亭图》，嘉靖三十七年（1558）作《拙政园图》。

《拙政园三十一景图》是文徵明以拙政园的景点为主题而作的，共计三十一景，因而成三十一幅画作。该图像作于嘉靖十二年（1533），绢本册页，每页一图，并题有题咏，因而又称为《拙政园图咏》。[①]

文徵明不仅绘画写实技法高明，更擅长通过笔墨皴法变化表达精神气质。《拙政园三十一景图》恰恰体现了这种融合写实与写意的绘画技法的特征。与其他拙政园主题绘画相比，《拙政园三十一景图》对当时拙政园内的三十一处景点做了详细的描绘，对每一处景点单独作画，同时配合以题咏，将景点的空间构造与造园意匠表现得淋漓尽致。

---

① 文徵明著，卜复鸣注释：《〈拙政园图咏〉注释》，北京：中国建筑工业出版社，2012年，第17页。

第一景为《若墅堂》。画面中央为一主两次三间房屋。主屋面阔三间，中门大开，内为主厅，门两侧为柳条隔扇。两侧次间均后退于主屋，屋顶为歇山顶，以草茸覆屋面。侧边另有一间房屋，与主屋围合成中庭。庭中站有两人，站在前面的为明代士人装束，年纪稍长。年轻者手拿长杆，缩于其后。屋后有城垛，前面为山坡，绘有高大的松树、樟树。坡下有折线形的篱笆墙，将山坡与庭院隔离开来（图15-6-1）。

图 15-6-1
［明］文徵明《拙政园三十一景图》——《若墅堂》

第二景为《倚玉轩》。画面中心为半隐在松树后的房屋。房屋共两间，呈L形布置，围合成平庭。房屋屋顶为茅草歇山顶，基座较低，屋门前有平台，四角为屋柱，侧边装有栏杆。一人站在屋前手扶栏杆，正在观望屋后的竹林。竹林前筑有假山，山石材料为昆山石（图15-6-2）。

图 15-6-2
［明］文徵明《拙政园三十一景图》——《倚玉轩》

第三景为《小飞虹》。画面被一条河斜分成两部分，河上架有一座飞虹桥，桥体与桥上的拄杖文人，成为画面的中心。飞虹桥为拱桥样式，以木质桥柱支撑桥身，桥面上铺有横板，两边装有矮栏杆。飞虹桥自左下部分的石砌平台伸出，向右上方延伸，右侧的桥端被岸边巨大的乔木遮挡。飞虹桥将视点从画面中心的文人转移到右上角的房屋。房屋面阔三间，建筑在毛石砌筑的基座上，两侧有耳房，主屋向前突出。屋顶为悬山顶造型，屋面材料难以分辨。画面左侧树林中露出梦隐楼的屋顶。岸边松木嶙峋，前有竹丛（图15-6-3）。

图 15-6-3
[明]文徵明《拙政园三十一景图》——《小飞虹》

第四景为《梦隐楼》。此图从另一角度描绘了梦隐楼。梦隐楼处于画面中心偏右位置，楼下有两座平屋，与梦隐楼构成建筑群。画面中心为巨大的山体，构成画面的远景。山前为河流，河边有土坡、石矶，梦隐楼处于岸边。画面的近景为岸边的四株树木，三株微微向左倾斜，一株向右倾斜（图15-6-4）。

图 15-6-4
[明] 文徵明《拙政园三十一景图》——《梦隐楼》

第五景为《繁香坞》。画面上半部分主体为草葺顶的若墅堂，室内空无一人，屋角放置有两座坐墩。屋旁伸出横栏。画面前景部分为种植牡丹、芍药、丹桂、海棠、榉树等花木的广庭，右下角有一小厮，手捧壶器，正在向若墅堂走去（图15-6-5）。

图 15-6-5
[明]文徵明《拙政园三十一景图》——《繁香坞》

第六景为《小沧浪》。画面中央为大面积的水面，水面向左上角沿着曲折的河道延伸。水边有一座临水亭，名曰“沧浪亭”，歇山顶造型，正脊两端为翘起的纹头脊，亭顶博风板下有垂下的悬鱼。亭顶由四柱支撑，三面通透，入口处有一座隔墙，柱间有美人靠，可供人凭栏观水。岸线曲折，岸边种植有柳树、竹丛，右下方有一条水涧，涧上跨有一条石板桥（图15–6–6）。

图 15-6-6
[明]文徵明《拙政园三十一景图》——《小沧浪》

第七景为《芙蓉隈》。此景描绘了河道弯处、水流湍急，水中种植有睡莲、荷花等水生植被，岸边种植有密集的木芙蓉（图15-6-7）。

图 15-6-7
[明] 文徵明《拙政园三十一景图》——《芙蓉隈》

第八景为《意远台》。画面空旷，大面积的留白，天边有一抹远山。画面中心为巨大的石台，台上站有两人，一主一仆，主人站在石台边上，背负双手，望向水面尽头蜿蜒远去的山体。石台边种植有直立的巨松。画面下方有一人正在向石台走去）（图15-6-8）。

图 15-6-8
[明] 文徵明《拙政园三十一景图》——《意远台》

第九景为《钓碧》。画面以远去的河流为主景，河道岸线曲折，岸边长满芦苇。画面右方有三株浓墨勾勒和渲染的大树，树下画有一块平石，自岸边伸出，石上坐着一位正在垂钓的士人（图15-6-9）。

图 15-6-9
[明] 文徵明《拙政园三十一景图》——《钓碧》

第十景为《水华池》。画面通过大面积的留白表示水面，仅在中下部分渲染出滨岸。滨岸分为三块，一块为近景，位于画面下方，岸边画有数株树木，树下有攒尖顶四方临水亭伸出岸线，亭顶由四柱支撑，平台上围以栏杆。靠近亭子的水面种植有睡莲与荷花。另两块滨岸位于画面中部偏右，中间北水面隔开，岸上种植有柳树（图15-6-10）。

图 15-6-10
[明]文徵明《拙政园三十一景图》——《水华池》

第十一景为《深净亭》。画面视点较近，中下部为水华池，池中有荷花睡莲水葱等植被。画面上部为一间草亭，草亭临水，亭内两人袒胸露腹、席地而坐，正在纳凉。亭两侧与后方均为茂密的竹林（图15-6-11）。

图 15-6-11
[明]文徵明《拙政园三十一景图》——《深净亭》

第十二景为《志清处》，画面描绘了一段河岸的风光，岸边有茂密的竹林，左下方驳岸上坐着一位文人，面向水面（图15-6-12）。

图 15-6-12
［明］文徵明《拙政园三十一景图》——《志清处》

第十三景为《柳隩》，位于水华池南。画面右下部为水面，左上部为滨岸，一条支流将滨岸分成两部分，岸边种植有疏柳（图15-6-13）。

图 15-6-13
[明] 文徵明《拙政园三十一景图》——《柳隩》

第十四景为《待霜亭》。画面中心为一座草亭，四方攒尖顶，亭顶由四根木柱支撑，柱间设有帷帐，帐内坐有一位头戴方巾的士人。亭边画有数株柑橘树，画面左侧的树下另外站有一位书童（图15-6-14）。

图 15-6-14
［明］文徵明《拙政园三十一景图》——《待霜亭》

第十五景为《怡颜处》。画面下部为一条溪涧，涧上架有石板桥。石桥右端架在石矶上，桥右边岸上建有一房一榭，呈L形布置，房榭前后种有数株直立乔木（图15-6-15）。

图 15-6-15
［明］文徵明《拙政园三十一景图》——《怡颜处》

第十六景为《听松风处》。画面主体为五株松树，松枝松叶正在随风摇曳，有一人坐在松树下，貌似在聆听松林的声音（图15-6-16）。

图 15-6-16
[明]文徵明《拙政园三十一景图》——《听松风处》

第十七景为《来禽囿》。画面中部与上部留白，下部有大面积的林檎树林，林间隐隐透出一段隔墙，中间有一处竹门，掩映在林木之间，隔墙前面向右有山坡逐渐隆起（图15-6-17）。

图 15-6-17
［明］文徵明《拙政园三十一景图》——《来禽囿》

第十八景为《玫瑰柴》。画面中心为四株桧树结成的得真亭，亭下席地而坐一位文人。亭前后有数组磐石，石间画有数株松树，亭四周种植有大量的玫瑰（图15-6-18）。

图 15-6-18
[明]文徵明《拙政园三十一景图》——《玫瑰柴》

第十九景为《珍李坂》。画面左下部为土山坡，坡上种了不少李树。右下方另有一处树林，距离较远，树下散开野花。前景为水塘，土坡的纹理自左上向右下插入水中（图15-6-19）。

图 15-6-19
[明] 文徵明《拙政园三十一景图》——《珍李坂》

第二十景为《得真亭》。此图尽管题咏为得真亭，但图中所绘并非亭子，而是一间草屋，墙壁上开有棂条窗。屋前结有篱笆矮墙，前面为曲折的驳岸线，亭四周结有四株直立的枯树（图15-6-20）。

图 15-6-20
[明]文徵明《拙政园三十一景图》——《得真亭》

第二十一景为《蔷薇径》。画面左下方为一处房屋，屋前一条折线路，两侧蔷薇篱笆矮墙。右方为树林地，林中有一草亭（图15-6-21）。

图 15-6-21
[明]文徵明《拙政园三十一景图》——《蔷薇径》

第二十二景为《桃花沜》。画面描绘了水边的驳岸、土冈和桃花林。下方的水岸边建有四幢房屋，其中一幢为楼阁，登楼可观赏水景和桃花林。屋前有石板桥横跨溪涧，与左侧的驳岸相连，水塘后的岸边种植桃花林（图15-6-22）。

图 15-6-22
[明]文徵明《拙政园三十一景图》——《桃花沜》

第二十三景为《湘筠坞》。画面中间为山涧，涧水两侧为石冈土坡。水边种植了茂密的湘妃竹林（图15-6-23）。

图 15-6-23
[明] 文徵明《拙政园三十一景图》——《湘筠坞》

第二十四景为《槐幄》，画面中心为三株巨大的槐树，树形自然伸展，树冠张开如同帐幕。树下坐有一人，背对观众（图15-6-24）。

图 15-6-24
［明］文徵明《拙政园三十一景图》——《槐幄》

第二十五景为《槐雨亭》，该亭位于画面中心，茅草覆顶，四柱支撑，柱间三面围有美人靠，一面敞开作为入口，亭内有一士人，席地靠栏而坐，脸朝亭外。亭前有溪涧，涧上跨石板桥，岸边种有高大的槐树（图15-6-25）。

图 15-6-25
[明]文徵明《拙政园三十一景图》——《槐雨亭》

第二十六景为《尔耳轩》。画面中心为一座四方轩，轩边有移植来的太湖石峰，高度几乎接近轩顶。石峰后有槐树，树下放有三个水盘，盘内种有菖蒲、水冬青等水生植物。轩右侧有数株树木，树下有一手持瓶钵的小童（图15-6-26）。

图 15-6-26
［明］文徵明《拙政园三十一景图》——《尔耳轩》

第二十七景为《芭蕉槛》，画面主体为一座太湖石峰，该石上大下小、中间镂空，形态瘦骨嶙峋，石峰后面为巨大的芭蕉叶。石峰下有一圈栏杆，将石峰围起（图15-6-27）。

图 15-6-27
[明] 文徵明《拙政园三十一景图》——《芭蕉槛》

第二十八景为《竹涧》。画面景物与湘筠坞相似，但是角度不同。《湘筠坞》为正面视点，而《竹涧》为侧面视点。画面主体为竹林下的山涧。山涧自上而下，流淌甚急，流水的形态受到水流石的影响，呈“之”字状（图15-6-28）。

图15-6-28
［明］文徵明《拙政园三十一景图》——《竹涧》

第二十九景为《瑶圃》，画面前方左右各有一处山冈，一道篱笆墙自山冈后面伸出，中间开有栅栏门。山冈中间一条斜路，一位持竿人正沿路走向栅栏门。左边山冈上种有两棵松树，一高一矮。篱笆墙后面为梅花林，林中掩映两座屋顶（图15-6-29）。

图 15-6-29
[明] 文徵明《拙政园三十一景图》——《瑶圃》

第三十景为《嘉实亭》。图中嘉实亭为四方攒尖亭，建于一座高台上，背倚山体，面朝瑶圃梅林。亭基座上有围栏三面围合，一面开口与磴道相连。一位士人在磴道上向嘉实亭走去（图15-6-30）。

图 15-6-30
[明]文徵明《拙政园三十一景图》——《嘉实亭》

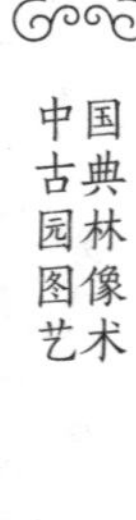

第三十一景为《玉泉》。画面描绘了一片松林中，两位文士盘膝相向而坐，旁边一棵松树后面有一口玉泉井（图15-6-31）。

图 15-6-31
[明]文徵明《拙政园三十一景图》——《玉泉》

结合题咏的说明，可以推断出小沧浪为拙政园的中心水池，池北的梦隐楼为主居所，池南有若墅堂、倚玉轩和繁香坞，若墅堂极有可能靠近园林主入口。小飞虹拱桥是联系池南池北的主要通道。小沧浪亭、芙蓉隈位于池西，小沧浪亭以北为意远台，台下为钓砮。水华池位于西北角，池边竹林中建有深净亭。梦隐楼后为听松风处。主水池东面为来禽囿与得真亭，得真亭周围为玫瑰柴，后为珍李坂。池岸边为桃花沜，桃花沜以南为湘筠坞和竹涧。竹涧东岸为槐雨亭。东南角有玉泉井和瑶圃，圃中有嘉实亭 。①

---

① 卜复明，徐青：《明代王氏拙政园原貌探析》，《中国园艺文摘》：2012年第2期，第105—107页。

第七节 东园图像

东园是朱元璋赐予徐达的别业，靠近金陵聚宝门，因徐达及其后裔出任过太傅，又称太傅园。明代王世贞（1526—1590）曾作有《游金陵诸园记》，描述了东园的景观。据该文记载，东园主入口为空旷的麦垄地，夹杂种植一些柳树、榆树。过园门和二门，向右可见心远堂，面宽三楹，堂前有月台，并置石峰，堂后有小池，池边有小蓬山，山中有洞壑，山上建有亭馆。山下两株巨大的柏树，树干上段缠绕在一起，下面人可通行，称为柏门。过左侧墙，可见面阔五楹的一鉴堂，堂中间三楹为置十余张座席，为园主会友休憩之处，两侧的边间为仆从的休息处。一鉴堂前开辟有大型池沼，池上架有朱红的折桥，桥头有亭矗立在水面上，桥另一边通向一鉴堂的边间，桥面平整，可凭栏休憩小饮。池后面为树林。池沼一端建有一座石砌的高大楼阁，造型有云中缥缈之感。另一端有溪涧通向横塘。①

《东园图》（图15-7-1、图15-7-2）是文徵明于嘉靖九年（1530）所作，纵30.2厘米，横126.4厘米，横卷绢本设色。②画卷题首写有篆书“东园图”，画尾有款“嘉靖庚寅秋徵明制”，下钤“停云”“玉兰堂印”等印。

图 15-7-1
[明]文徵明《东园图》左

①[明]王世贞：《游金陵诸园记》，陈从周编选：《园综》，上海：同济大学出版社，2004 年，第 181 页。
②[明]文徵明绘，杨新编著：《文徵明精品集》，北京：人民美术出版社，1996 年，第 6 页。

图中描绘了东园入口至池沼的主体园景。入口始于图像右侧，前方有一条溪涧，涧上跨有木质虹桥。桥后一条曲折的卵石小径穿越树林，直达入口，小径上有两位文士，正在向园内走去。入口前方置有巨大的太湖石，主屋面向卵石小径敞开，屋前空地上分别置有三座太湖石峰，石峰前种植有巨大的松树。主屋为歇山布瓦顶，前方朱栏围合，四周地面种植有花卉，屋内案几边坐有四人，旁边站立有一位僮仆，屋外空地上另立有两位僮仆，其中一位手持朱红色托盘。可以推测此屋主要功能为会客。

主屋后是一座大池沼，池中置有太湖石，池边亦有太湖石与其他材质的石峰，石峰下有石矶，池边种植有密集的竹林，形成变化丰富的岸线。池边右侧有一栋两层高的水阁，紧靠主屋。岸边另有三座水榭，均为茅顶，一座紧靠两层水阁，另两座位于对岸，呈曲尺状，榭内坐有观赏水景之人。

图 15-7-2
［明］文徵明《东园图》右

第八节　西林园图像

西林园为明代无锡安镇望族安氏的别业。无锡安氏为当地望族，明中叶，安国（1481—1534，字民泰，号桂坡）在胶山营造嘉萌园，后筑西林园，均为江南名园。安国之后，西林园很快没落，直至无存。

吴门画派张复所绘《西林园景图》为纸本设色册页，纵35.8厘米，横25.6厘米。现存十六景图，包括《风弦障》《遁谷》《空香阁》《素波亭》《息矶》《椒庭》《爽台》《花津》《石道》《荣木轩》《沃山》《上岛》《鹤径》《层磐》《深渚》《雪舲》。

由于该册页仅余十六景图，总体顺序并不明朗。根据所描绘景观特征，大致可分为山景类、水景类、庭园和道路类。山景类包括《石道》《层磐》《遁谷》，庭园和道路类有《鹤径》《椒庭》《爽台》《荣木轩》，水景类有《沃山》《风弦障》《花津》《上岛》《空香阁》《素波亭》《深渚》《息矶》《雪舲》。

《石道》一图表现的为从层峦叠嶂中盘旋而上的山道。图中山体高低起伏，前后层次分明，山中树木葱郁。一条“之”字形石砌山道顺山势而上，通向远处山头上的景亭。路上两人相对而坐，正在交谈。两人身后隐约可见瀑布山泉涔涔而下（图15-8-1）。

《层磐》一图视觉焦点聚于山顶的景亭。图中景亭为四方形，立于磐石之上，背倚山崖，山道自图像下方蜿蜒而上。坡上多为巨松，松间弥漫着云雾，一位拄杖人正在向景亭而行（图15-8-2）。

《遁谷》一图中，群山之间云雾缥缈，一条山谷隐现于中。谷中林木苍翠，溪涧沿着山谷流淌，岸边建有数栋朝向不一的屋舍。山谷环境幽秘，青松流水，是一片世外桃源之景（图15-8-3）。

图 15-8-1
[明] 张复《西林园景图》——《石道》

图 15-8-2
[明] 张复《西林园景图》——《层磐》

图 15-8-3
[明] 张复《西林园景图》——《遁谷》

《鹤径》一图描绘了园内的一条石径。小径为米黄色碎石铺成，呈左右方向延伸，路边卧有多座太湖石，石间有数株青松，松姿挺拔，松下两只仙鹤正在径上踱步（图15-8-4）。

石径一路延伸，从椒庭边经过。《椒庭》图中，画面中心是一片平庭，庭中建有屋舍，面阔三间，歇山瓦顶。屋门紧闭，屋前有三株大树，树下一位仆人正与仙鹤嬉戏。石径自庭旁绕过，通往屋后（图15-8-5）。

石径继续延伸，经过爽台。《爽台》图中，石径从图像左下方向右上方延伸，消失在竹林之后。石径左侧为水面，岸边有柳树亭榭，隔水可望见远山的轮廓。在石径右侧，竹林以矮朱栏围合，栏前为一片平庭。庭中有一座石砌高台，名为爽台，台旁矗立有太湖石峰，种有松树。爽台上两人盘腿而坐，正在欣赏周围的美景。一位僮仆正手端盘具向爽台走去（图15-8-6）。

图 15-8-4
[明]张复《西林园景图》——《鹤径》

图 15-8-5
[明] 张复《西林园景图》——《椒庭》

图 15-8-6
[明]张复《西林园景图》——《爽台》

《荣木轩》一图以树林之中的一座堂轩为主景。图中树林枝叶繁茂，林间云雾缥缈，云后隐约可见远山轮廓。树下有一处小院，院中主建筑为荣木轩。荣木轩为覆瓦悬山顶，面阔三间，前后敞开，侧边为槛墙直棂窗。轩后植被茂密，植有芭蕉、竹丛，芭蕉树下矗立一座玲珑剔透的太湖石峰（图15-8-7）。

《沃山》一图远处为缥缈的山峰，山下的湖面占据了大幅画面。湖中突出一座狭长的半岛，成为图像的中心。岛上种有柳树、松树、竹子等，中间平地上有数栋屋舍，基本临水而建。最前面的房屋面向水面，扉门敞开，屋内置有矮凳。半岛前端斜柳之间有一座四方亭。竹林右侧伸出木拱桥，远处一座平板朱栏桥向左延伸，前景水面上绘有小船与摇橹人（图15-8-8）。

《风弦障》一图中，前方为大面积的水面，岸边有成片的松林。树干挺拔，直立于岸边，清风吹过，松叶沙沙作响。岸边亦可见禽鸟、水阁（图15-8-9）。

图 15-8-7
[明]张复《西林园景图》——《荣木轩》

图 15-8-8
[明] 张复《西林园景图》——《沃山》

图 15-8-9
[明]张复《西林园景图》——《风弦障》

《花津》图中，“之”字形水面占据了大部分画面。水面右侧为曲折的堤岸，堤上有密集的竹林，竹下隐约露出两座朱栏围护的石砌平台。在堤岸拐角处伸出折线型的平桥，桥面两侧均砌有朱栏。滨岸边除了竹子以外，还种有大量的柳树与花木。图中花木繁盛、柳竹青翠，水面上一叶轻舟正从远方驶来（图15-8-10）。

《上岛》一图所绘之景紧邻花津。作者视点较高，水面从图像上方延伸至下部。上岛位于图像右上部，与《花津》图中的朱栏平桥相连。岛上建有一座庙阁。阁四周有数株松树，楼后有成片的竹林。与上岛隔河相对的滨岸种有较多的柳树、松树等其他植被，柳树之间一座观水亭立于水面之上，与小楼遥遥相望（图15-8-11）。

《空香阁》一图中，视线聚焦于上岛中的庙阁。阁处于青松环抱之中，屋顶为歇山瓦顶，侧面无窗，墙壁漆成朱红色，内部供奉菩萨。庙阁入口与平桥相连（图15-8-12）。

图 15-8-10
[明] 张复《西林园景图》——《花津》

图 15-8-11
[明] 张复《西林园景图》——《上岛》

图 15-8-12
[明]张复《西林园景图》——《空香阁》

《素波亭》一图中，视点转向水边素波亭。素波亭即观水亭，平面四方形，以四柱支撑亭顶。亭四面通透，三面设置美人靠，一面为通道。亭边临水处绘有一株老柳树，树下撑着鱼竿。亭中一人靠在栏杆上，正在观看水中的鸟禽。显然，亭中人是钓鱼者，在等鱼上钩的时候被嬉戏的禽鸟所吸引。亭后数株绿树，树下有一持杖老者正走向素波亭。树后露出屋舍的覆瓦屋顶。滨岸一直通向后侧的一座临水水阁（图15−8−13）。

《深渚》一图描绘的为水阁前堤岸。岸线曲折繁复，石土相混，以土为主。岸边水草浓密，野花繁盛，花木相映，一只水鸟正在扑食，充满了野趣之味（图15−8−14）。

《息矶》一图视点聚焦于钓鱼的老者。图中老者盘腿坐于石矶之上，侧身手执鱼竿。石矶旁一株巨大的柳树，柳枝无力地垂下（图15−8−15）。

《雪舲》一图将湖面、上岛、空香阁、素波亭以及园内诸山均收入图中，整体呈现了西林园核心区域的风景。作者视点高远，山岭绘于图像右侧，山中多石，山势陡峭，山麓岸边可见素波亭与另两栋建筑。湖面占据了大部分画面，显得辽阔深远，上岛位于较远的湖中，以折线形的朱栏平桥与岸边相连。近处湖面上可见一叶客船，船内坐有两人，船头一人正在摇橹（图15−8−16）。

图 15-8-13
[明]张复《西林园景图》——《素波亭》

图 15-8-14
[明] 张复《西林园景图》——《深渚》

图 15-8-15
[明] 张复《西林园景图》——《息矶》

图 15-8-16
[明] 张复《西林园景图》——《雪舲》

第九节　水香园图像

水香园位于徽州潜口紫霞山麓，临阮溪，是汪度的别墅园。汪度（1602—1673），字叔度，号更庵，因经商而财力雄厚，投入巨资营造水香园，后传于其子汪沅。乾隆年间水香园转手，为汪应庚家族所有。《古歙山川图》中有一图，描绘了水香园内外景观构成与特色。

该图题有“倣王右丞法”，并无图名。图中，水香园坐落于阮溪边的石砌台基上，院墙围合，园门朝向溪水。园内有巨大的方池。池边石台上建有歇山顶三开间的水阁，另一侧建有一座卷棚歇山顶屋宇。阁后太湖石峰林立，植被葱郁，尤其以梅花、篁竹、柳树最为显著。

水香园背后为浮丘峰，峰岭突起。峰下有轩皇坛、日月泉。水香园一侧有拱桥通向紫霞山。紫霞山松林苍翠，峰后有仙人洞，山中有阮公泉。山腹中建有一处格局规整的保安院，山门临石壁，有磴道与拱桥相通。保安院院内有观音洞、法镜台，香火极盛（图15-9-1）。[①]

图 15-9-1
[清]《古歙山川图》中的水香园

① 汪大白：《徽州园林代表作潜口汪氏水香园考论》，淮北师范大学学报（哲学社会科学版）：2011 年 10 月，32（5），第 36—40 页。

图 15-10-1
[清]《 南巡盛典 》
——《 小有天园 》

第十节　小有天园图像

小有天园位于杭州南屏山慧日峰下，清初汪之萼的别墅园，乾隆赐名“小有天园”。[①]《南巡盛典》图中，园林分为两部分，其间以廊庑间隔。右部分为三栋建筑，布局较为规整，极有可能是休憩建筑。左部分山泉汇成池沼，形态极美，称为“小西湖”。池岸曲折，间杂以石砌驳岸、湖石假山和丰富的植被，建筑依托岸线布置，形态生动。主体建筑为临水的重檐水阁，以游廊与水亭、楼阁相连。水中石矶形成中岛，四周绕以篱笆墙。沿磴道上山可至南山亭、望湖亭和御碑亭，登亭可俯瞰西湖胜景（图15-10-1）。

①［清］翟灏，翟瀚辑：《湖山便览》卷七。

图 15-11-1
[清]《南巡盛典》
——《留余山居》

第十一节　留余山居图像

留余山居位于杭州南高峰北麓，为陶骥的别墅园。[①]《南巡盛典》中有《留余山居》插图。图中南高峰山石峭拔、植被丰富，园墅依山而建。入口位于山脚，与上山磴道相接。主建筑留余山居位于入口一侧的高台上，面阔三间，歇山顶，前有竹林、巨松。入口后石壁下有池沼，池边高台上建有龙泉亭。龙泉亭背倚石崖，后侧有磴道通向山顶。山顶建有望湖楼、望江亭，望江亭一侧与爬山廊相接，可通向半山景亭。此园磴道循环往复，高差较大，具有很好的观景视觉廊道，是观赏西湖的重要景点（图15-11-1）。

①[清]翟灏，翟瀚辑：《湖山便览》卷八。

图 15-12-1
[清]《南巡盛典》
——《漪园》

第十二节　漪园图像

漪园位于雷峰夕照亭下，明代曾为白云庵，雍正年间汪献珍购得此园，加以扩建与改建。乾隆二十二年巡幸于此，赐名“漪园”。[①]《南巡盛典》的《漪园》图中，园临西湖而建，地形后高前低，略有起伏。园中引西湖水入园形成大池，环池以亭廊水阁，池后平坦处有两座合院。一座呈条状，与入口大门相通，为园内主院，院内有五开间的厅堂。另一处为跨院，周边围合以廊榭，院内有置石假山。前方水口处建有水闸，便于控制园内水位。水闸上建有观水亭。院内植有梅花树，建筑背面以竹林遮挡视线，植被丰富，配置有度（图15-12-1）。

①［清］翟灏，翟瀚辑：《湖山便览》卷七。

图 15-13-1
[清]《南巡盛典》
——《吟香别业》

第十三节　吟香别业图像

吟香别业位于西湖北岸孤山放鹤亭南，背倚孤山，面朝西湖。《吟香别业》图中，该园林位于临湖的台地上，园中有广庭，其中矗立重檐大亭。原浙江巡抚范承谟升任福建总督，离开杭州时以白居易的诗句“未能抛得杭州去，一半勾留是此湖”为意，刻“勾留处”三字于湖心亭中，后移字于此亭中。[①]中庭四周建有多座建筑，其间或以廊庑相接，或夹杂以竹林植被和置石假山。庭园左侧为孤山，山麓植有松树、梅花树和茂密的竹林，植物之间一条登山的磴道盘旋而上，通向左上方的山亭。勾留处亭前有方池，直抵孤山石壁下，池边建有舫斋与水阁，是观赏西湖美景的佳处（图15-13-1）。

①［清］翟灏，翟瀚辑：《湖山便览》卷七。

图 15-14-1
[清]《南巡盛典》
——《安澜园》

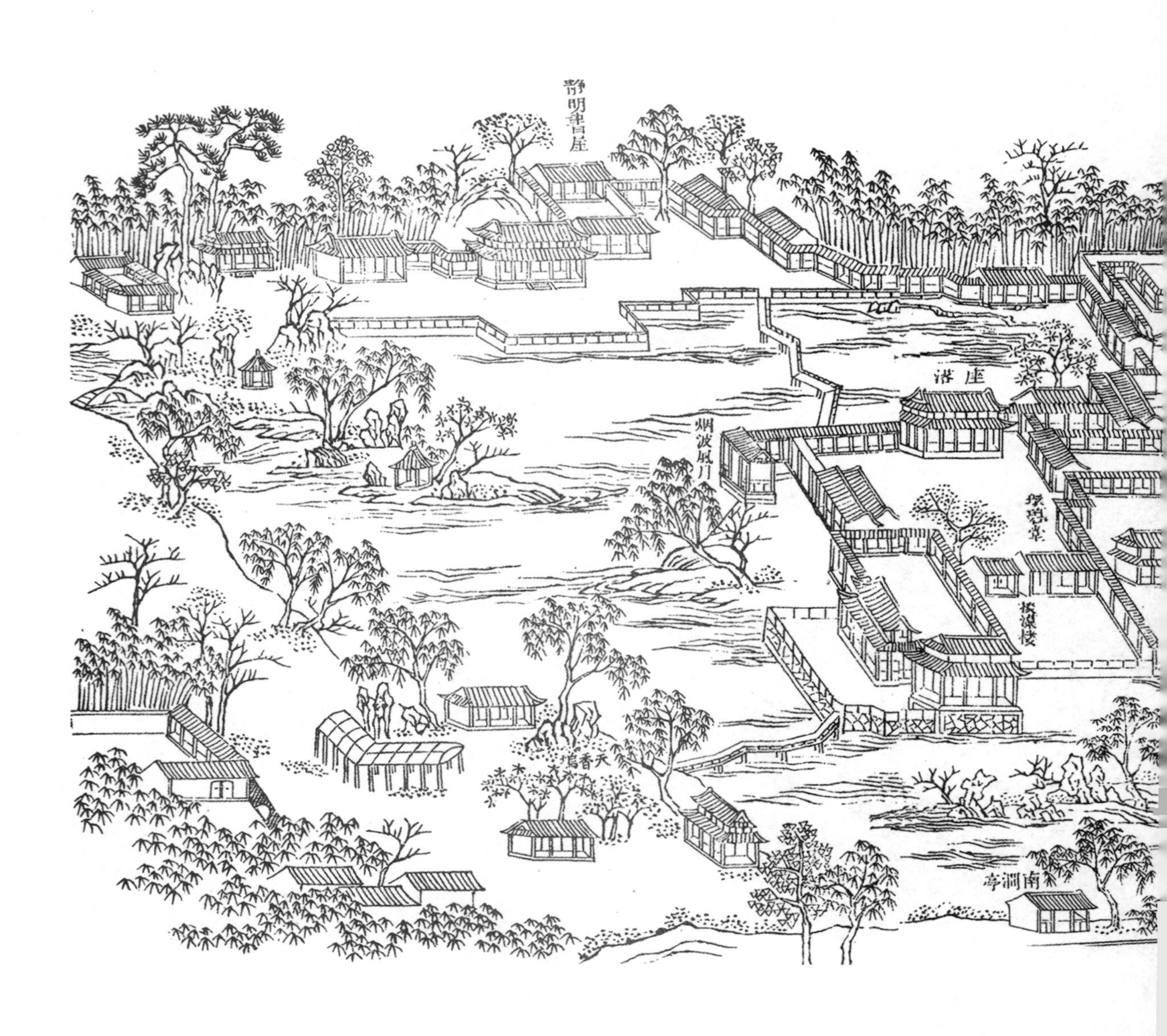

第十四节　安澜园图像

安澜园位于浙江省海宁县拱辰门内，原名隅园，是清代大学士陈元龙的私园。乾隆南巡驻跸于此，赐名“安澜园”。《安澜园》图中，园中心有大池，左侧池边有巨大的岛屿，岛上地形平坦，以廊庑围合成数座合院，中院有环碧堂，池边建有古藤水榭、烟波风月亭。岛与岸边以折桥和平桥相通。对岸分别建有静明书屋、南涧亭，以及种满梅花树的天香坞。各建筑多以游廊相连，水边多水阁、水榭，廊榭往复曲折，湖石假山与竹丛配置有度，形成精美宏大的私家园林（图15-14-1）。

第十五节　半亩园图像

据《鸿雪因缘图记》记载，半亩园位于紫禁城东北弓弦胡同，建于康熙年间，原为贾汉复的宅园。戏曲家、造园家李渔（1611—1680）曾是贾汉复的幕僚，负责园林的规划与营造。李渔在园内凿池筑山，营构亭台廊室，使得半亩园成为京城名园。其后。园主屡次易人，园林逐渐颓败。道光年间，半亩园被麟庆购得。麟庆所著《鸿雪因缘图记》中，有《半亩营园》《退思夜读》《近光伫月》《焕文写像》《郏嬛藏书》《拜石拜石》，共计六幅半亩园图像。[①]

《半亩营园》一图描绘的主景为云荫堂及其前院。云荫堂为半亩园南园正堂。图中，云荫堂面阔三间，坐北朝南，前出抱厦一间，卷棚屋顶，堂前台阶两侧各植树一株，右左矗立有日晷和石笋，台阶前空地并排放置盆栽植物共4株，并挖掘有长方形的荷花池。云荫堂两侧有东西厢房，围合成三合院布局，东厢为沿墙的折线游廊，西厢为曝画廊，廊南端连接书斋——退思斋，形成曲尺状楼阁（图15—15—1）。

《退思夜读》与《近光伫月》两图中，退思斋坐南朝北，面阔三间。其东端连接曝画廊，斋南与斋西倚假山，南有假山洞与磴道进出。退思斋屋顶为平台，设置有栏杆，台上可用于观景与用餐。平台北部为近光阁，面阔三间，卷棚屋顶，为全园最高处，阁西有镂空隔墙，可望见紫禁城门楼、琼岛白塔和景山五亭，阁下即为凝香室（图15—15—2、图15—15—3）。

假山南为曲折的池溪。《焕文写像》一图描绘了池南的玲珑池馆。图中，该馆坐南朝北，面阔三间，前出抱厦，背倚南墙，与云荫堂隔池相望（图15—15—4）。

园北部为独立的院落，院北为藏书屋郏嬛妙境。《郏嬛藏书》图中，郏嬛妙境面阔三间，坐北朝南。麟庆喜欢收藏，其收藏的数万册宋元珍本和各类典籍均藏于此屋。院南为拜石轩（图15—15—5）。《拜石拜石》图中，拜石轩坐南朝北，与郏嬛妙境相对，轩面阔三间，前出抱厦一间，轩内藏有各类奇石，轩前有筑石假山（图15—15—6）。[②]

---

① 陈尔鹤，赵景逵：《北京〈半亩园〉考》，中国园林：2000 年第 6 期，第 68—71 页。
② 贾珺：《麟庆时期（1843—1846）半亩园布局再探》，中国园林：1991 年第 4 期，第 7—12 页。

半畝營圃

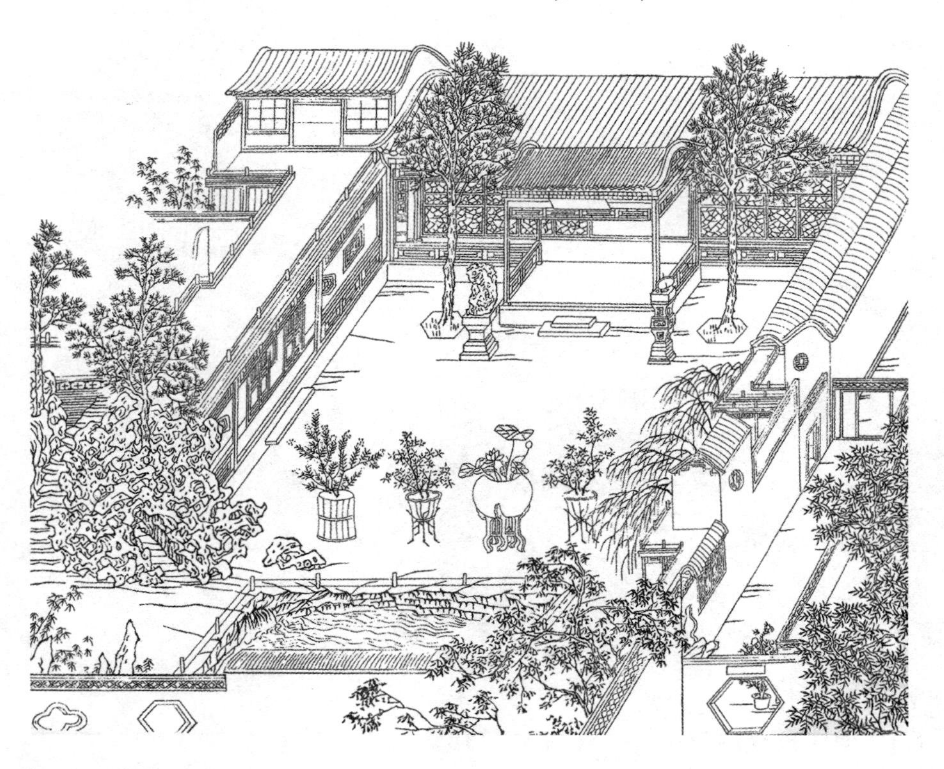

图 15-15-1
[清]《鸿雪因缘图记》——《半亩营园》

图 15-15-2
[清]《鸿雪因缘图记》——《退思夜读》

图 15-15-3
[清]《鸿雪因缘图记》——《近光伫月》

图 15-15-4
[清]《鸿雪因缘图记》——《焕文写像》

图 15-15-5
[清]《鸿雪因缘图记》——《嫏嬛藏书》

图 15-15-6
[清]《鸿雪因缘图记》——《拜石拜石》

第十六节　瞻园图像

位于金陵大宫坊的瞻园是明代开国功臣徐达的王府园林。瞻园园名取自北宋诗句“瞻望玉堂，如在天上”之意，经过徐氏后人不断的经营，尤其是徐达七世孙太子太保徐鹏举筑山凿池，建亭台楼榭，形成规模。万历年间徐达九世孙魏国公徐维志再次大力营造，奠定基本格局。清朝顺治年间瞻园成为江南行省布政使署、江宁布政使署所在，一部分园林性质变更为衙署园林。[①]乾隆曾慕名巡幸瞻园，并题匾额。清代画家袁江擅长画楼台亭阁、苑囿名胜，作有一幅《瞻园图》。《瞻园图》为绢本上色卷轴画，画中瞻园以水景为中心，假山植被环抱，亭台楼阁错落其中（图15–16–1）。

《瞻园图》所绘瞻园分为东西两部分。东部区主体为假山池沼。图中假山环绕池北和池西，据传为明代宣和年间遗物，由太湖石堆筑而成，有多处洞隧，峰峦叠嶂、谷壑纵深、千姿百态，为园林叠石精品。北侧假山山中有卷棚顶榭，山前有两座攒尖顶景亭，一座靠东，体量较小，下有较高的台基。另一座伸出驳岸，三面环水。山后是两层高的歇山顶楼阁，楼两侧伸出庑廊，西侧与厅堂相接。假山南侧为主水池。主水池东为贴水长廊，廊中有观鱼亭，为欣赏山水之景与喂鱼的佳处。北假山两侧架有朱栏平桥，桥下有泉涌。池西假山纵贯池西边缘，山势纵横，主峰高耸，峰顶种植有青松。一处坡顶有攒尖顶茅顶亭，亭旁种植松、梅，且与东岸亭廊形成对景。另一处坡顶较平，上面布置有六边形平桌和小凳。

主水池南边为大型厅堂，为西瞻园的主体厅堂。堂面阔三间，南北向，歇山顶，前后伸出卷棚顶抱厦，四面为落地长窗，窗外有围廊。堂北为临水月台，为观赏主水池与假山的佳处。

假山西侧是西部区，主要建筑是一座歇山卷棚顶三开间的主厅，四周出廊，内有屏风和案几，明显是园中会客议事之处。厅堂前面是平坦的院子，中间是一座矩形花台，内置太湖石峰，与厅堂屏风形成对景。堂后是水池，池北、池西有假山驳岸，堂后有小径沿池边而行。厅堂向西伸出游廊与一排侧屋相接。侧屋面向园林挑出半廊，廊前有长条形石台，置有花草盆景之物。

① 袁蓉：《从江南名园到皇家園苑——瞻园和如园造园艺术初探》，东南文化：2010 年第 4 期，第 115—120 页。

图 15-16-1
[清] 袁江《瞻园图》

第十七节　怡园图像

怡园位于苏州古城护龙街，最早为明朝尚书吴宽的宅园。顾文彬[1]购得此园，在其西部扩建，称为春荫山庄。据清末俞樾所写《怡园记》中记载，园内东南多水，西北筑山，山中有慈云洞、绛云洞，园中置有奇石，开凿池沼，池上架桥，环水、依山建有船屋、松籁阁、面壁亭、精舍、藕香榭、南雪亭、岁寒草庐、拜石轩、坡仙琴馆、石听琴室、翼然亭、芍药台、螺亭、小沧浪亭等建筑物，植被有牡丹、苍松、梧桐树、梅花树、芍药、桃花、荷花等。[2]

光绪年间，顾沄绘有《怡园图册》，纸本设色册页，纵33.3厘米，横42.4厘米。全册共有二十景图，分别绘制怡园内二十处景致。

---

① 顾文彬（1811—1889），字蔚如，号子山，过云楼主。同治年间官授浙江宁绍道台，著名藏书家。
②［清］俞樾：《怡园记》，陈从周、蒋启霆选编，赵厚均注释：《园综》，上海：同济大学出版社，第290页。

武陵宗祠为园主家族祠堂。《武陵宗祠》图中，一道隔墙将图中主要景物隔开。墙外为土冈，墙隅植有竹丛，冈上有柳树等植被，树丛之间可见盘旋的磴道通向冈顶。墙内建筑较为密集，沿墙只有四株榆树，榆树前两株龙爪槐分列左右，槐下有栅栏门，前方为祠堂建筑的屋顶。图中祠堂建筑规格较高，歇山瓦顶，正脊两端有明显的螭吻（图15-17-1）。

图 15-17-1
[清] 顾沄《怡园图册》——《武陵宗祠》

牡丹厅紧邻武陵宗祠。《牡丹厅》图中，牡丹厅位于小院中，建筑面阔三间，悬山瓦顶，入口敞开，两边为落地长窗。厅前院落开敞，前院中有花台，内植牡丹。牡丹厅对面为太湖石堆砌的假山，植有松、柳等植被，厅后两株桂花树。隔墙可见一座二层卷棚歇山顶小楼——松籁阁（图15-17-2）。

图 15-17-2
[清]顾沄《怡园图册》——《牡丹厅》

松籁阁位于牡丹厅东侧。《松籁阁》一图中，松籁阁前临水池，建筑造型为船舫式。船头为临水石台，石栏围合。石台后为面阔一间的一层歇山卷棚顶船屋，屋后楼阁高两层，阁顶为卷棚歇山顶。池对岸为山冈，植有梅花树。沿池种植有柳树，池边有大片的松林，林前置有巨大的太湖石峰（图15-17-3）。

图 15-17-3
[清]顾沄《怡园图册》——《松籁阁》

自松籁阁过石桥，沿长廊可至面壁亭。《面壁》图中，假山临池，崖壁嶙峋，山顶平台有一座圆形茅草亭——螺髻亭。环池种植有梅、柳，一座拱形石梁架于池上，连接了假山磴道与面壁亭。图中面壁亭为四方攒尖顶，隔池直面假山石壁，且与游廊相接（图15-17-4）。

图 15-17-4

[清]顾沄《怡园图册》——《面壁》

梅花馆位于面壁亭与碧梧栖凤馆以东。《梅花馆》图中，画幅中心为广院，院中以篱笆围合，其中置有两座高耸的太湖石峰，石峰后有竹丛、梅林，并养殖有禽鸟。梅花馆直面梅林与石峰，面阔三楹，前面出廊，侧边与游廊相接。馆内置有屏风，为鸳鸯厅格局，阳面为梅花馆，阴面为藕香榭（图15-17-5）。

图 15-17-5
[清]顾沄《怡园图册》——《梅花馆》

藕香榭处于梅花馆的阴面，又名荷花厅，是赏荷的好地方。《藕香榭》图中，主体建筑藕香榭位于图像右下角，面阔三楹，歇山顶，东侧有折桥跨水，北面为广池，池内种有荷花，对岸为假山，环池植被丰富（图15-17-6）。

图 15-17-6
［清］顾沄《怡园图册》——《藕香榭》

藕香榭北侧的池沼为怡园主池，池北为湖石筑山，山中有洞，山上有石峰与景亭。小沧浪亭位于中间，东边有金粟亭。《小沧浪》图中，前景为池水，池后的假山峰峦叠嶂，造型有致。小沧浪亭隐于假山石峰之间，亭顶为六角攒尖顶，四周通透，以低槛墙围合（图15-17-7）。

图 15-17-7
［清］顾沄《怡园图册》——《小沧浪》

《金粟亭》图中，金粟亭平面方形，攒尖顶，四根方石柱支撑亭顶，因四周桂花环绕，金秋飘香，故名金粟亭。金粟亭前面有平板折桥通向池南岸的藕香榭（图15-17-8）。

图 15-17-8
[清]顾沄《怡园图册》——《金粟亭》

绛霞洞与慈云洞均为池北假山中的石洞。慈云洞位于面壁亭北，绛霞洞位于松籁阁东。《绛霞洞》与《慈云洞》两图从不同角度描绘了两洞石壁变化万端的造型（图15−17−9、图15−17−10）。

图 15-17-9
［清］顾沄《怡园图册》——《绛霞洞》

图 15-17-10
[清]顾沄《怡园图册》——《慈云洞》

《遁窟》一景位于梅花馆西侧。图中此景为一处充满萧瑟之感的小院。一堵墙中开辟了圆洞门，门外可依稀望见梅花馆石台。墙内外梅花盛开，院隅有数座置石。院内主建筑为一座小屋，造型朴素，屋前置有石案，案上放置有两盆景（图15-17-11）。

图 15-17-11

[清] 顾沄《怡园图册》——《遁窟》

自梅花馆沿廊向东可至南雪亭。《南雪》图中，南雪亭位于廊端，南面为梅林，北面为池沼，池中立有石幢。南雪亭东为岁寒草庐。图中，岁寒草庐面阔三间，前出廊，廊前院中种有松、竹、梅，称“岁寒三友”，另有石笋、石峰若干（图15-17-12）。

图 15-17-12
[清]顾沄《怡园图册》——《南雪》

岁寒草庐与拜石轩实为鸳鸯厅格局，拜石轩位于北，岁寒草庐位于南。《拜石轩》图中，图像中心为轩北院中的怪石奇石，因宋代著名书画家米芾爱石成痴，见奇石便拜，因此轩名取“拜石”（图15-17-13、图15-17-14）。

图 15-17-13
[清]顾沄《怡园图册》——《岁寒草庐》

图 15-17-14
[清]顾沄《怡园图册》——《拜石轩》

坡仙琴馆位于拜石轩以北。《坡仙琴馆》图中，主体建筑坡仙琴馆面阔三间，卷棚悬山顶，馆内可见古琴一把，馆外为奇山怪石。坡仙琴馆西间为石听琴室，内有古琴、案几（图15-17-15、图15-17-16）。

图 15-17-15
[清] 顾沄《怡园图册》——《坡仙琴馆》

图 15-17-16
[清]顾沄《怡园图册》——《石听琴室》

图 15-17-17
[清] 顾沄《怡园图册》
——《留客》

《留客》一图描绘的为回廊尽头一处充满野趣的场所。图中植被丰富，有竹丛、芭蕉、芍药、紫藤，竹丛中有两只禽鸟正在悠闲地踱步。一道曲墙穿插于中，墙边矗立一座石峰（图15-17-17）。

《岭云别墅》图中，主体建筑岭云别墅高两层，面阔五楹，以廊屋连接相邻的建筑。四周院墙围合，院内无植被，应是一处以居住功能为主的场所。竹院位于怡园东隅，图中，院中篁竹密集，四周游廊围合。游廊连接了三处建筑，分别为重檐六边形的亭、两层高悬山顶的小楼，以及一座面阔三间的轩（图15-17-18、图15-17-19）。

图 15-17-18
[清] 顾沄《怡园图册》——《岭云别墅》

图 15-17-19
[清] 顾沄《怡园图册》——《竹院》

《石舫》一图描绘的为园内一座船舫形建筑。图中，该建筑后为石笋，前有石峰，三面均靠近隔墙，在置石与建筑之间种有竹子、梅花等。石舫建筑面阔三楹，卷棚顶，屋前落地长窗花纹精美，屋内可见案几与鼓凳（图15-17-20）。

图 15-17-20
[清] 顾沄《怡园图册》——《石舫》

第十八节　狮子林图像

狮子林位于拙政园以南，最早为宋朝章姓官员的宅园。元朝时期，临济宗高僧天如禅师（字惟则，1286—1354）在此结庐数间，作为修习与传法的场所。天如禅师在天目山狮子正宗禅寺学佛入道，其师父中峰本明大和尚常在天目山狮子岩传法，故天如禅师将自己的结庐之地取名为“狮子林”，以纪念中峰本明大和尚与天目山狮子正宗禅寺。其弟子集资为其营造了狮林寺，元顺帝御赐寺名为“狮子林菩提正宗禅寺”。[①]元代著名画家、“元四家”之一的倪瓒曾作有《狮子林图》，使其名声大噪。

元末的狮子林保持中国早期禅宗寺院的布局特征，内部不设佛殿，而设法堂。园内主体为大片的竹林与筑山，所筑假山有含晖峰、吐月峰、立玉峰、昂霄峰，最高的为狮子峰，昂霄峰前有溪涧，上跨石梁名曰“小飞虹”。建筑有栖凤亭、卧云室、问梅阁、立雪堂、方丈室、指柏轩等。[②]元末明初狮子林曾有十二景，明初画家徐贲（1335—约1379，字幼文）每景各绘一图，作十二景图。清代赵霆摹之，经由刻工刊刻成《师林十二景图》。《师林十二景图》共计十二图，分别为《师子峰》《含晖峰》《吐月峰》《小飞虹》《禅窝》《竹谷》《立雪堂》《卧云室》《指柏轩》《问梅阁》《玉鉴池》《冰壶井》。此十二图在一定程度上呈现了当时狮子林的景观风貌（图15-18-1-1~图15-18-1-12）。

---

① 任宜敏：《天如惟则禅师禅学思想析论》，《人文杂志》：2003年第5期，第145—150页。
② 卜复鸣：《狮子林的佛门禅味》，《园林》：2007年第11期，第22—23页。

图 15-18-1-1
[明] 徐贲 原作 清人 摹刻《师林十二景图》——《师子峰》

图 15-18-1-2
[明] 徐贲 原作 清人 摹刻《师林十二景图》——《含晖峰》

图 15-18-1-3
[明]徐贲 原作 清人 摹刻《师林十二景图》——《吐月峰》

图 15-18-1-4
[明]徐贲 原作 清人 摹刻《师林十二景图》——《小飞虹》

图 15-18-1-5
[明]徐贲 原作 清人 摹刻《师林十二景图》——《禅窝》

图 15-18-1-6
[明]徐贲 原作 清人 摹刻《师林十二景图》——《竹谷》

图 15-18-1-7
[明]徐贲 原作 清人 摹刻《师林十二景图》——《立雪堂》

图 15-18-1-8
[明]徐贲 原作 清人 摹刻《师林十二景图》——《卧云室》

图 15-18-1-9
[明]徐贲 原作 清人 摹刻《师林十二景图》——《指柏轩》

图 15-18-1-10
[明]徐贲 原作 清人 摹刻《师林十二景图》——《问梅阁》

图 15-18-1-11
[明]徐贲 原作 清人 摹刻《师林十二景图》——《玉鉴池》

图 15-18-1-12
[明]徐贲 原作 清人 摹刻《师林十二景图》——《冰壶井》

明清时期，狮子林屡易其主、数度荒芜，一部分曾沦为私园。康熙南巡到访此地，赐名为“狮林寺”。乾隆南巡亦到访此园，并赐有匾额。

《南巡盛典》中的《狮子林》插图详细地表现了清代乾隆时期该园林的空间格局与建筑山石的样式。入口位于图像左下角的山门。山门为庑殿顶，两边伸出八字墙。山门后为大殿，殿后为藏经阁。大殿高一层，藏经阁高两层，均为重檐歇山顶、面阔五间。殿旁空旷，间有一些平房。藏经阁后院为园林区，主景为假山群。假山以太湖石堆砌而成，大部分位于池中，石峰章法有度、姿态万千，有峰回路转之势，好似狮子摇头。假山中有御碑亭，山旁有御诗楼，显示康熙、乾隆多次在此题诗。假山与池边架有拱桥，桥上有亭。池对岸为园林区主建筑群。园内植被丰富，假山上以松树为多（图15-18-2）。

钱维城（1720—1772）所绘《狮子林图》，同样以乾隆时期狮子林为主题。画面自右向左可分为三个部分。右边部分云雾缭绕之间露出断断续续的树林、山坡、建筑、院墙，此为狮子林周围的环境。中间部分描绘了狮子林中的假山。假山在图中是描绘的重点，不仅占据了画面中央位置，且形态高大多变，充分展示了高超的筑山艺术（图15-18-3a）。左边部分描绘了假山下的池沼、拱桥，以及沿池的屋宇（图15-18-3b）。该图为清宫秘藏，图上钤印有“乐寿堂鉴藏宝”“石渠宝笈”“石渠定鉴”“宝笈重编”“乾隆御览之宝”“宁寿宫续入石渠宝笈”“嘉庆之宝”“宣统御览之宝”“乾隆鉴赏”“三希堂精鉴玺”等，拖尾题字：“云林画狮子林图，自诩非王蒙辈所能梦见，此（卷上半部加今的下半部）现贮天府。臣于编纂之下，曾得敬

图 15-18-2
[清]《南巡盛典》——《狮子林》

图15-18-3
[清]钱维城《狮子林图》

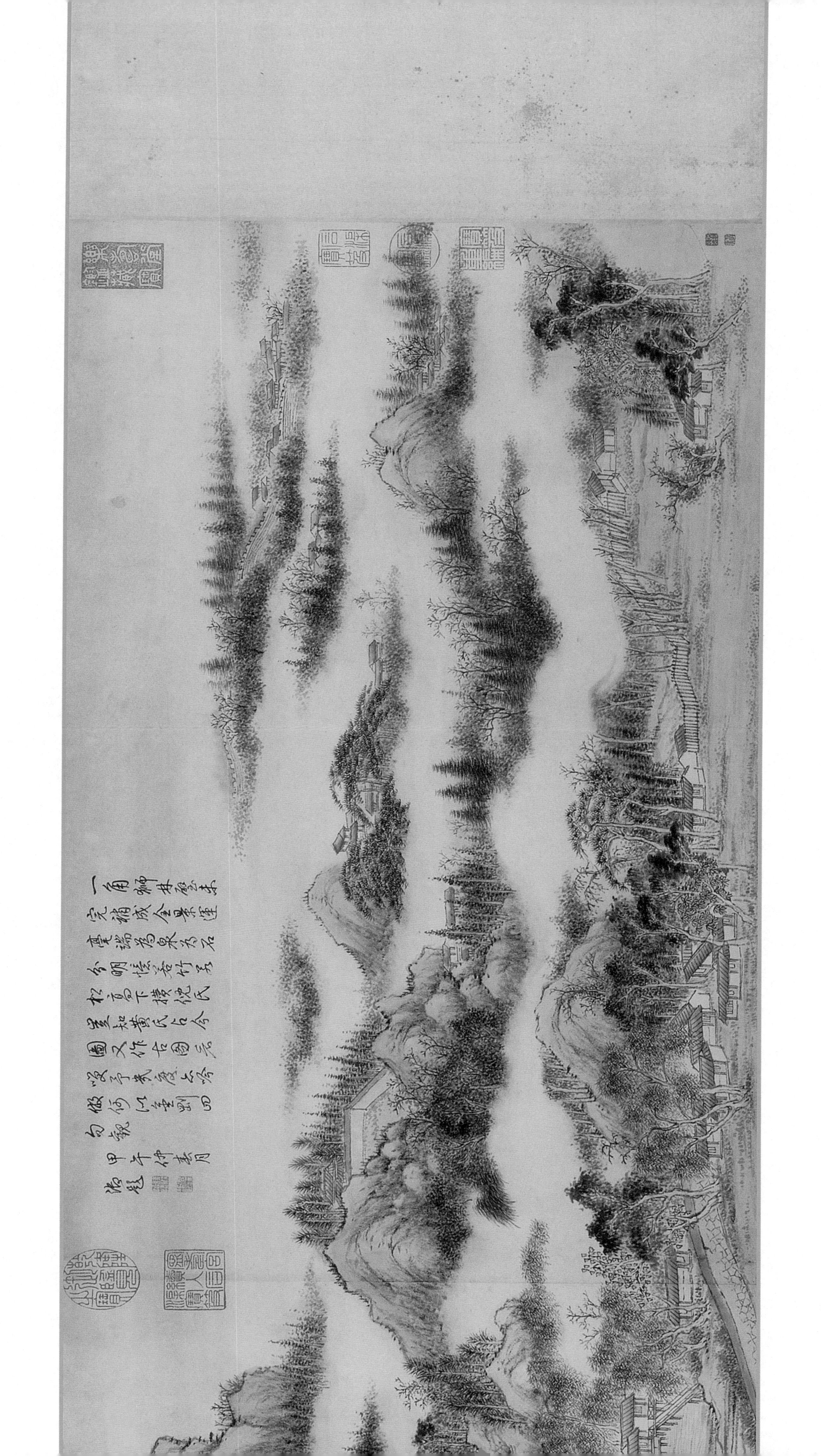

图 15-18-3a
[清]钱维城《狮子林图》中的假山

图 15-18-3b
[清]钱维城《狮子林图》中的池沼

观，简古秀逸迥脱凡蹊，洵高士一生得意笔也。丁丑春，扈从南巡，驻跸吴下，奉命游狮林寺。林石依然，相传为云林结构。其园右以水胜，左以树石胜。水园之洞凡九，沿池屈曲累累如贯珠，循石桥以东为岸，园古松参天，石势磊砢，为洞亦九，或悬桥而通，或拾磴而上，或仰而探，或俯而入，如羊肠九曲宛转层折仍归一途，以第一洞左右为出入分径，入左者出右，入右者出左，窗窔天成，数亩有千里之势。云林所绘特其一角，所谓以不似为似者也。臣不揣拙劣，辄规橅全势绘为此图，非敢学步倪迂，聊以存庐山真面目耳。臣钱维城恭画并敬识。”

《狮林拜石》插图中，所绘狮子林较为破败。图中池沼水已经干涸，院墙破损，建筑也处于维修阶段。然而狮子林假山形态依旧（图15-18-4）。

图 15-18-4
[清]陈夔龙《水流云在图》——《狮林拜石》

第十九节　西园曲水图像

西园曲水为扬州盐商鲍诚一的宅园。《平山堂图志》图中，园林西、南面临水，中间有池沼，池中种植荷花睡莲，建筑物环池而建。主屋水明楼，楼高两层，建于池北的平台上，前有平台伸出水面。水明楼右侧为西园曲水楼，是全园的主厅，面阔五间，高两层，二层为槛窗，一层前出廊，楼前由院墙围合成小院。池前为觞咏楼，高两层，面阔七间，两侧临水，楼前有码头，水边种柳树，向图左侧伸出游廊直到水边。觞咏楼后为濯清堂，池左岸临水处为新月楼，隔河与对岸的冶春楼相望（图15-19-1）。

图 15-19-1
[清]《平山堂图志》中的西园曲水

图 15-19-2
[清]《江南园林胜景图》
——《西园曲水》

《江南园林胜景图》中亦有《西园曲水》一图，视点较高，全景式地呈现了西园的景观风貌（图15-19-2）。

图 15-20-2
[清]《江南园林胜景图》
——《御题水竹居》

图 15-20-1
[清]《平山堂图志》中的水竹居

水竹居
小方壶

第二十节　水竹居图像

水竹居位于扬州保障河东岸，整座园林依山面水，原为徐世业的宅园。乾隆三十五年（1770）御赐名为“水竹居”。《平山堂图志》图版中，水竹居内建有三开间花潭竹屿厅，厅前有临水平台，厅后有两层高的楼阁。沿水岸砌有矮墙，延伸至静香书屋。花潭竹屿厅前面河中有土石相间的洲岛，岛上有纵贯的廊庑，端头建有“小方壶”亭。

过静香书屋为小山坡，坡下建有御碑亭。亭北沿着河岸建有游廊，通向清妍室。清妍室前有小院，院墙中间开辟有如意门，作为水竹居的主要出入口。清妍室后为大面积的黄石垒成的石壁，石间有泉水流出。石壁背枕山坡，坡上种有松树。石壁前凸出半岛状石矶，壁下有亭廊向北延伸至阆风堂。阆风堂面河而建，面阔五间，堂前伸出临水平台。堂后为丛碧山房，面向后方水面而建，通过游廊与阆风堂相通。从碧山房背后为山坡，植被茂盛，坡上建有霞外亭，坡下有碧云楼。碧云楼高两层，面阔五间，面河而建，前面出廊。碧云楼旁还有一间配楼，面向霞外亭。碧云楼后侧为水竹居建筑和静照轩。这两座建筑基本被植被遮挡，仅露出屋顶。据称，水竹居内引入了罕见的西洋喷泉装置，可喷水高达屋檐，为国内首创（图15-20-1）。

《江南园林胜景图》中有《御题水竹居》一图（图15-20-2）。

图 15-21-2
[清]《江南园林胜景图》
——《锦泉花屿》

图 15-21-1
[清]《平山堂图志》中的锦泉花屿

第二十一节　锦泉花屿图像

水竹居以北为锦泉花屿，为刑部郎中吴玉山的别墅，后来归扬州知府张正治所有。《平山堂图志》图版显示，园内有两处泉眼，一处位于九池东南角，一处位于微波峡，泉水清澈。园内繁花似锦，最多为梅花，因此取名为“锦泉花屿”。锦泉花屿一端靠近水竹居处建有菉竹轩，轩前后均为茂竹，水边廊庑架于湖石驳岸上。菉竹轩以北的驳岸线向内凹进，形成小水湾，岸边有笼烟筛月之轩。轩北山冈隆起，冈上建有香雪亭。冈下驳岸乱石林立，沿岸线的曲尺状廊庑连接了藤花榭、锦云轩、清远堂。乱石间微波峡涧水汇入河中。河中两处洲岛，其间架有一座曲尺状平板桥。地势较陡的洲岛上建有微波馆，其与滨岸之间通过船舫形石桥相通，另一座洲岛上建有种春轩（图15-21-1）。

《江南园林胜景图》中亦有《锦泉花屿》一图（图15-21-2）。

图 15-22-2
[清]《江南园林胜景图》
——《蜀冈朝旭》

图 15-22-1
[清]《平山堂图志》中的蜀冈朝旭

第二十二节　蜀冈朝旭图像

蜀冈朝旭位于莲花埂新河西岸，与小方壶隔河相对，原为李志勋的别墅园林，后由张绪增重建。《平山堂图志》中，此园可北望蜀冈，园内有射圃，圃外种有茂密的竹林，并建有一座香草亭。竹林左侧有山坡和池沼，池边平地上建有主体建筑群。张氏在此地开凿有大池，池边有青桂山房、含青室、高咏楼、流香艇。过大池后坡地边又有曲池，湖石垒成驳岸，池边有来春堂。园内的核心建筑为高咏楼，面东，楼高两层，面阔五间，重檐歇山顶。楼前有宽大的露台，绕以朱栏，两侧有游廊与含青室和流香艇相通。乾隆二十七年（1762），乾隆曾光顾此楼，御赐匾额与对联（图15-22-1）。

《江南园林胜景图》中有《蜀冈朝旭》和《御题高咏楼》两图。《蜀冈朝旭》一图视点较高，可以清晰地看到园林中水面所占比例较大。《御题高咏楼》一图以高咏楼为视觉焦点。图中，入口为三开间牌坊，前临保障河，入内为平桥和巨大的平台，高咏楼矗立于平台上，面阔五楹，两层重檐卷棚歇山顶。楼侧延伸出游廊，连接一座双层观景平台。楼四周溪涧、池沼相互萦绕，形成多座洲岛。太湖石垒成形态多样的假山，园内外植被非常丰富，有柳、松、梅、竹等。植被、假山掩映之中，可见多座观景与游憩建筑。画面左侧巨大的假山下建有一座重檐歇山顶楼阁（图15-22-2、图15-22-3）。

图 15-22-3
[清]《江南园林胜景图》
——《御题高咏楼》

御題高詠樓

图 15-23-1
[清]《平山堂图志》中的
筱园

第二十三节　筱园图像

筱园原为翰林程梦星的别墅园，后为汪廷璋所购。园内有三贤祠，纪念三位著名文人欧阳修、苏轼和王士祯。《平山堂图志》插图中，筱园内有大片的芍药田，田边建有瑞芍亭。亭北有仰止楼，亭东有旧雨亭，以长廊围合成院，院内种有茂竹。河边建有三开间的藕亭，前出抱厦（图15-23-1）。[1]

《江南园林胜景图》中收有《筱园花瑞》（图15-23-2）。

①［清］李斗著，王军评注：《扬州画舫录》（插图本），北京：中华书局，2007 年，第 227 页。

图 15-23-2
[清]《江南园林胜景图》
——《筱园花瑞》

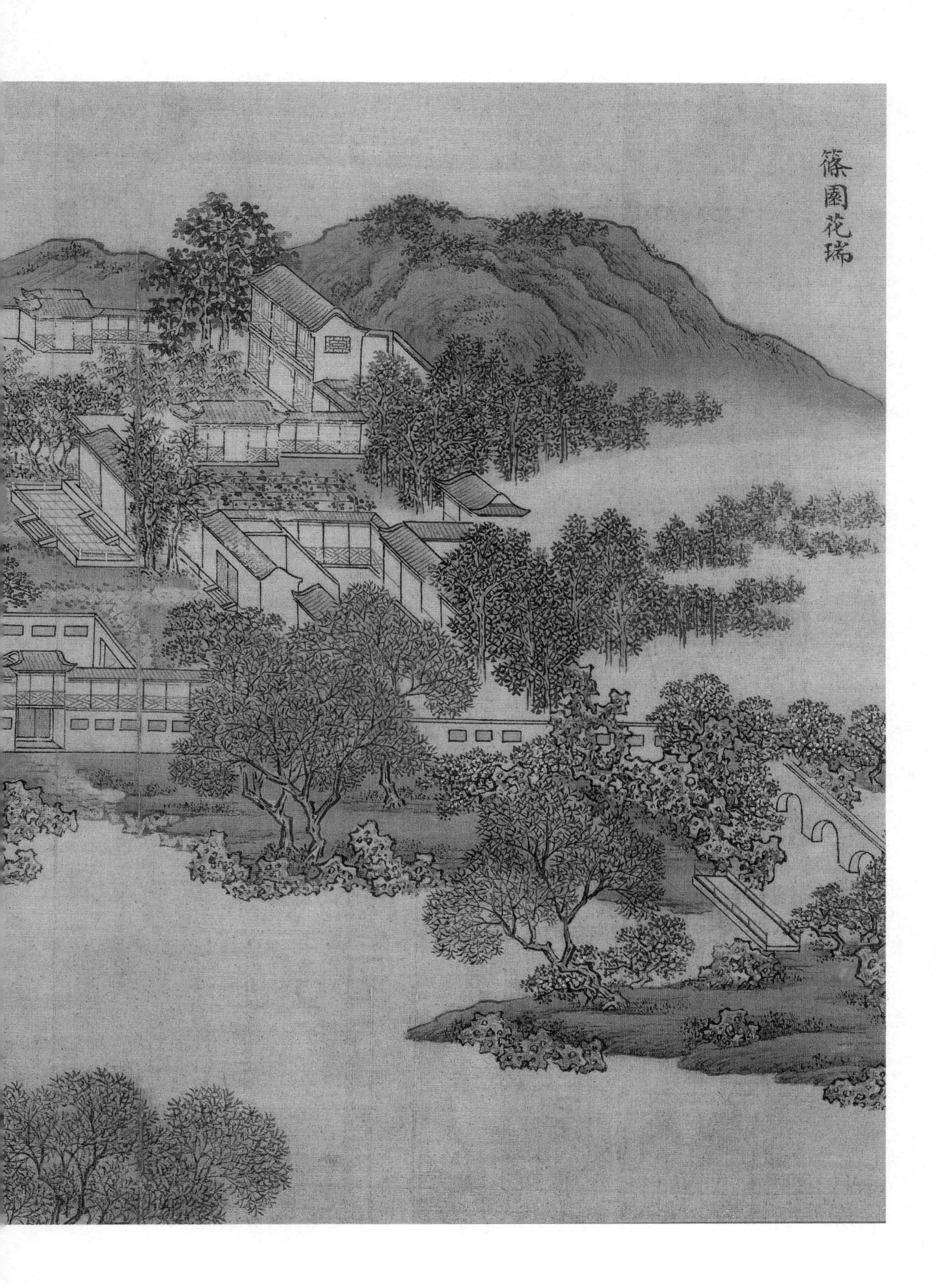
篠園花瑞

图 15-24-1
[清]《平山堂图志》中的
倚虹园

第二十四节　倚虹园图像

倚虹园原为崔伯亨花园，后归洪氏，清高宗南巡时赐名为“倚虹园”。王士禛、[1]孔尚任[2]和卢见曾[3]均曾于此园举行著名的虹桥修禊活动。《平山堂图志》中，倚虹园位于河道拐角处的洲岛上，园内由堂宇、楼阁、廊庑隔成规整的方院。从图中看，主建筑有妙远堂、饯春堂、饮虹阁，廊庑另一端有致佳楼、涵碧楼，涵碧楼前设置有码头。致佳楼北有两处大院，一个为水院，池边围绕以游廊、水阁、水榭，另一处院中有巨大的太湖石置峰，四周环绕廊庑，临水楼阁宽十余楹，中有修禊楼，北望视线与景致最佳（图15-24-1）。[4]

《江南园林胜景图》中有《御题倚虹园》一图（图15-24-2）。

---

① 王士禛，号渔洋山人，清朝初期著名文学家、诗人、鉴赏家，顺治年间曾出任扬州推官。于康熙初年（1662）、康熙三年主持虹桥修禊。

② 孔尚任，清初著名文学家、戏曲作家，中国戏曲名著《桃花扇》的作者。

③ 卢见曾，号雅雨山人，于乾隆年间出任两淮转运使。

④［清］李斗著，王军评注：《扬州画舫录》（插图本），北京：中华书局，2007 年，第 151 页。

图 15-24-2
［清］《江南园林胜景图》
——《御题倚虹园》

御题倚虹园

图 15-25-1
[清]《平山堂图志》中的
九峰园

第二十五节　九峰园图像

九峰园位于扬州府城之南，歙县汪氏曾在此营造南园。后因园主得九块太湖石置于园内，更名为九峰园。此园为汪氏别业。[①]《平山堂图志》中，园内建筑有风漪阁、玉玲珑馆、梅桐书屋、延月轩、谷雨轩、御书楼、雨花庵等，建筑之间以廊庑相连，形成较为规整的院落。玉玲珑馆前开辟有夹河，夹河外堤岸上建有临池亭。园内置有形态各异的太湖石，植物以茂竹、梅花树、桐树、柳树、荷花为特色（图15-25-1）。

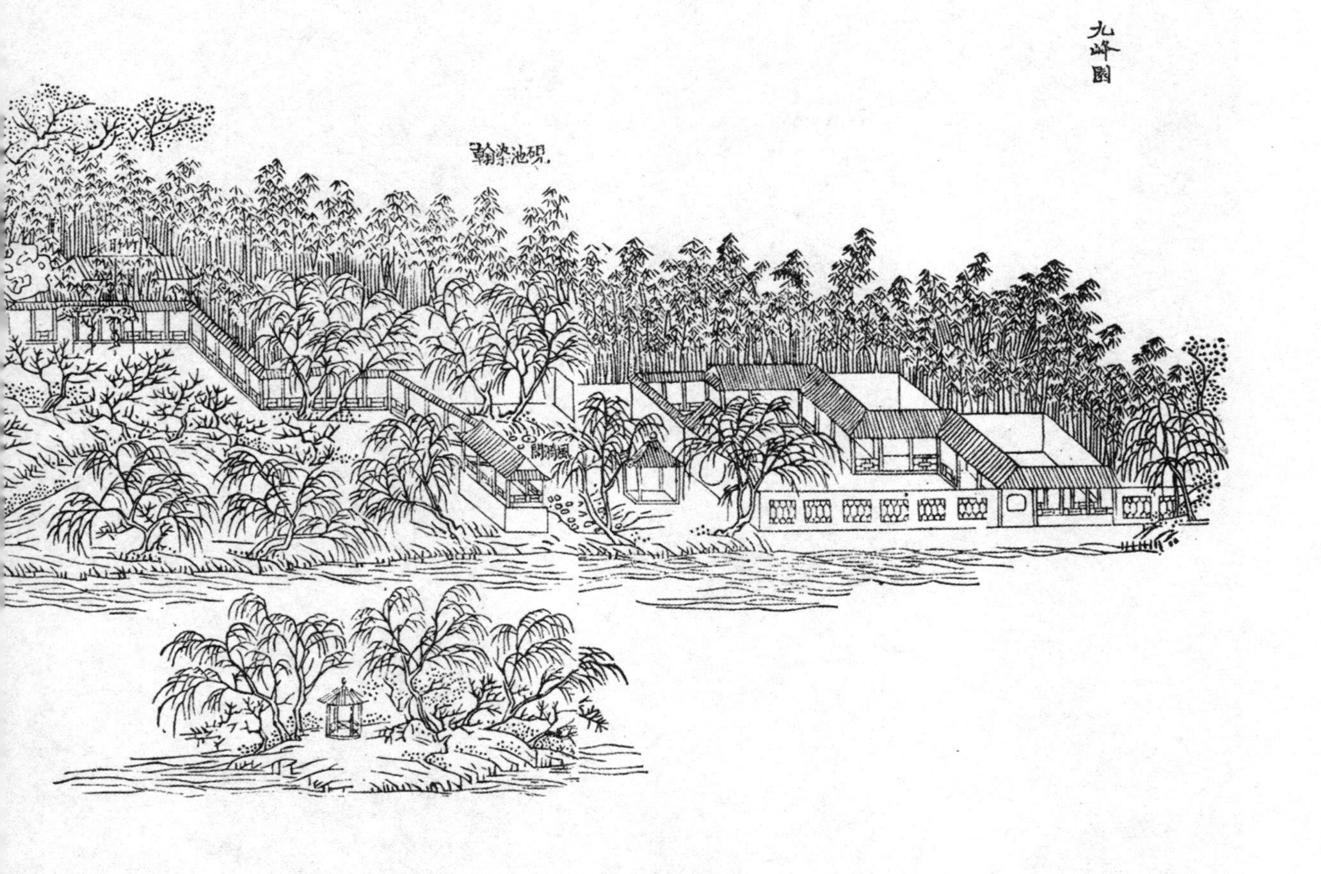

①［清］李斗：《扬州画舫录》，陈从周、蒋启霆选编，赵厚均注释：《园综》，上海：同济大学出版社，2004年，第97页。

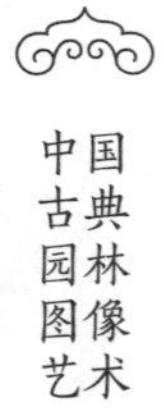

图 15-25-2
[清]《江南园林胜景图》
——《御题九峰园》

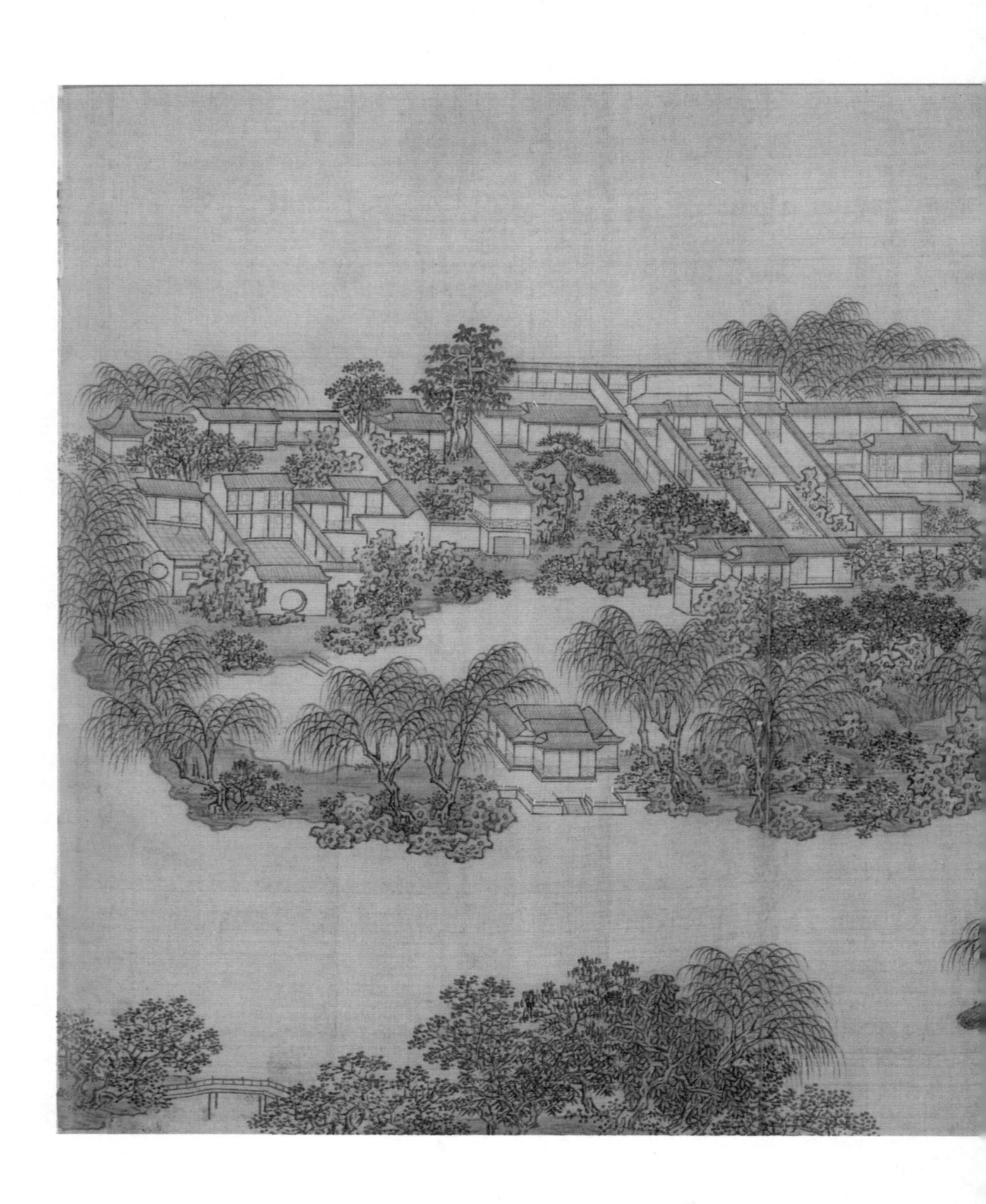

《江南园林胜景图》中收录有《御题九峰园》一图。图中廊庑、院墙隔成小院，院内多处置有太湖石，水中洲岛上筑石成山（图15-25-2）。

图 15-26-1
[清]《江南园林胜景图》
——《康山》

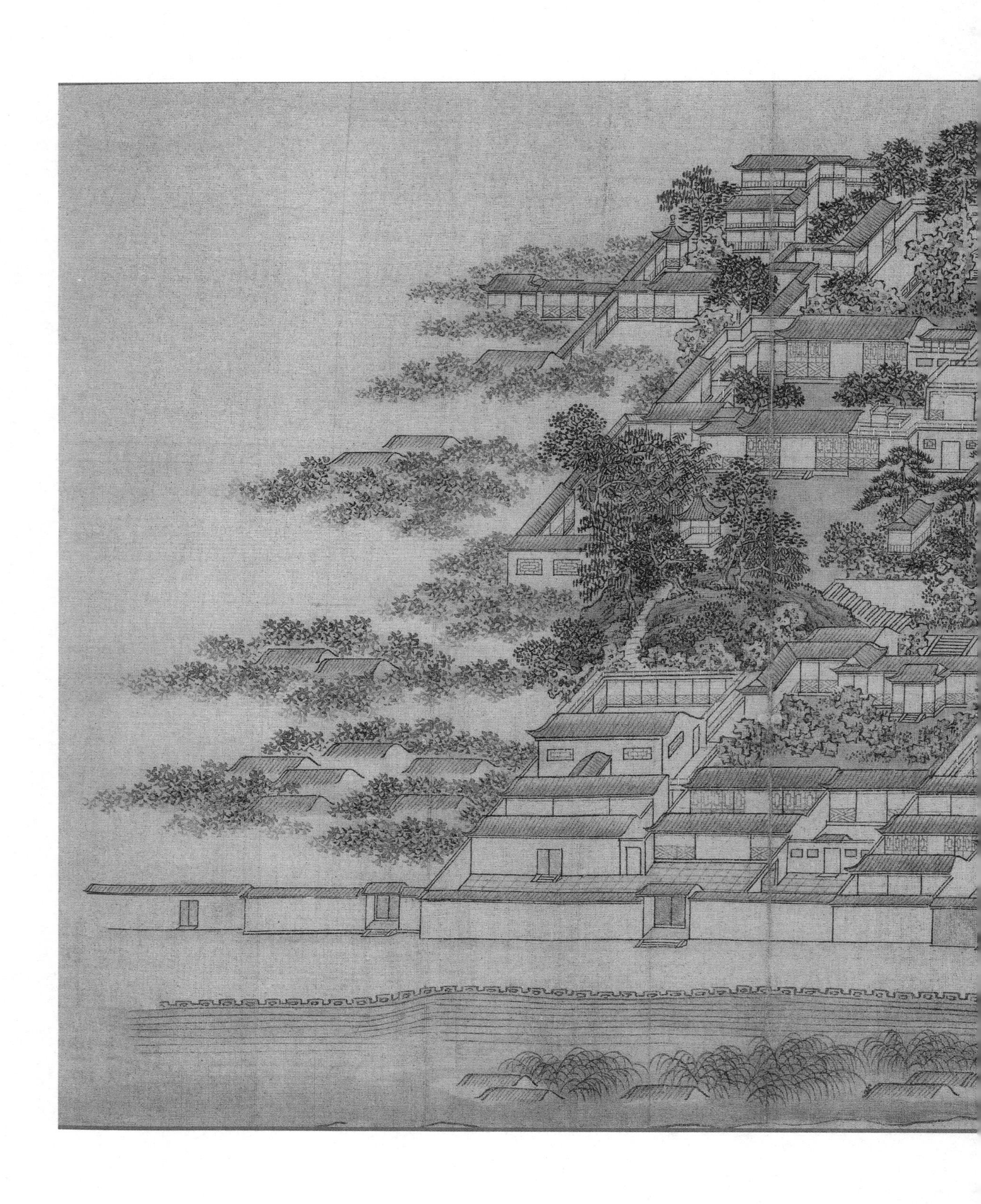

第二十六节 康山草堂图像

康山位于扬州新城东南隅，明代正德年间康海曾居于此，建康山草堂，后为大理寺卿姚思孝所居。董其昌、赵宦光、陈继儒均在此地留有题字。乾隆年间，大盐商江春在此掘池筑山，增建第宅，乾隆亦曾游览此地。《江南园林胜景图》中有《康山》一图。图中园囿紧靠城墙，园内屋宇参差，廊庑、隔墙形成多重方院，围合一处面积较大的中院。中院绿化丰富，多松树、竹林，院侧以太湖石垒成假山，南部有隆起的土山，山间有磴道盘旋而上。图像前方的几处隔院均以石板铺地，绿化较少。侧院、中院、跨院、后院绿化较为丰富，多湖石假山（图15-26-1）。

图 15-26-2
[清]《鸿雪因缘图记》
——《康山拂槎》

《鸿雪因缘图记》中收录了《康山拂槎》一图。此时康山的宅邸园囿已经数度易手，但图中景物与《江南园林胜景图》中的《康山》图像变化不大。图中康山土坡依旧位于图像中心，坡前有众多的太湖石，坡顶建有四方攒尖景亭，四周多竹丛，山坡前种有梅花。冈前磴道连接上下台层，上面台层有宽阔的平地，建有三开间的草堂，一侧为四方景亭，另一侧为游廊，廊顶作为观景平台。磴道下方连接一栋宽大的堂宇，面阔三间，前面出廊，装修考究。堂前后均有大面积的湖石假山，种植有玉兰等植被。图像右侧假山之间有一栋歇山顶阁楼，基座架空。左下角还有一座以回廊和屋宇围合的小合院（图15-26-2）。

图 15-27-1
[清]《平山堂图志》中的
古郧园

第二十七节　古郧园图像

古郧园即“卷石洞天”，为清代洪征治家所有，又称为“小洪园”，以怪石和老树为特色，是扬州北郊二十四景之一。古郧园旁是种植芍药的芍园。

《平山堂图志》中，卷石洞天与芍园图像占有六个图版。图中芍园园内主屋高两层，两侧伸出廊庑围合院落，前面临水处有一排水廊。水中有太湖石堆砌的假山，水边建有玉山草堂和薜萝水榭，两者以水廊相连。玉山草堂面阔三间，薜萝水榭面阔五间，均以游廊围合。沿着薜萝水榭向左，沿着山路过假山亭，进入竹林，林中间有房屋数间，通向契秋园。契秋园游廊曲折，廊榭围合成小院。游廊一直向左延伸与委宛山房相连。委宛山房旁边多种竹子，竹林后有黄石和太湖石堆砌成的假山。竹林尽头为修竹丛桂之堂，沿着点缀太湖石的驳岸一直走即为丁溪水榭。丁溪水榭面阔三楹，四面通透，榭旁有码头，后有射圃。[①]古郧园水中以太湖石堆砌成湖心洲岛和假山，山形经过人工雕琢形成九狮形态，洲岛上种植有柳树和杏树，并建有一座夕阳红半楼（图15-27-1）。

《江南园林胜景图》中亦有《卷石洞天》一图，细致地刻画了古郧园的景观风貌。图中视点较高，园内多以隔墙分隔小院。大量的太湖石假山是园林最显著的特色（图15-27-2）。

①[清]李斗著，王军评注：《扬州画舫录》（插图本），北京：中华书局，2007年，第83页。

图 15-27-2
[清]《江南园林胜景图》
——《卷石洞天》

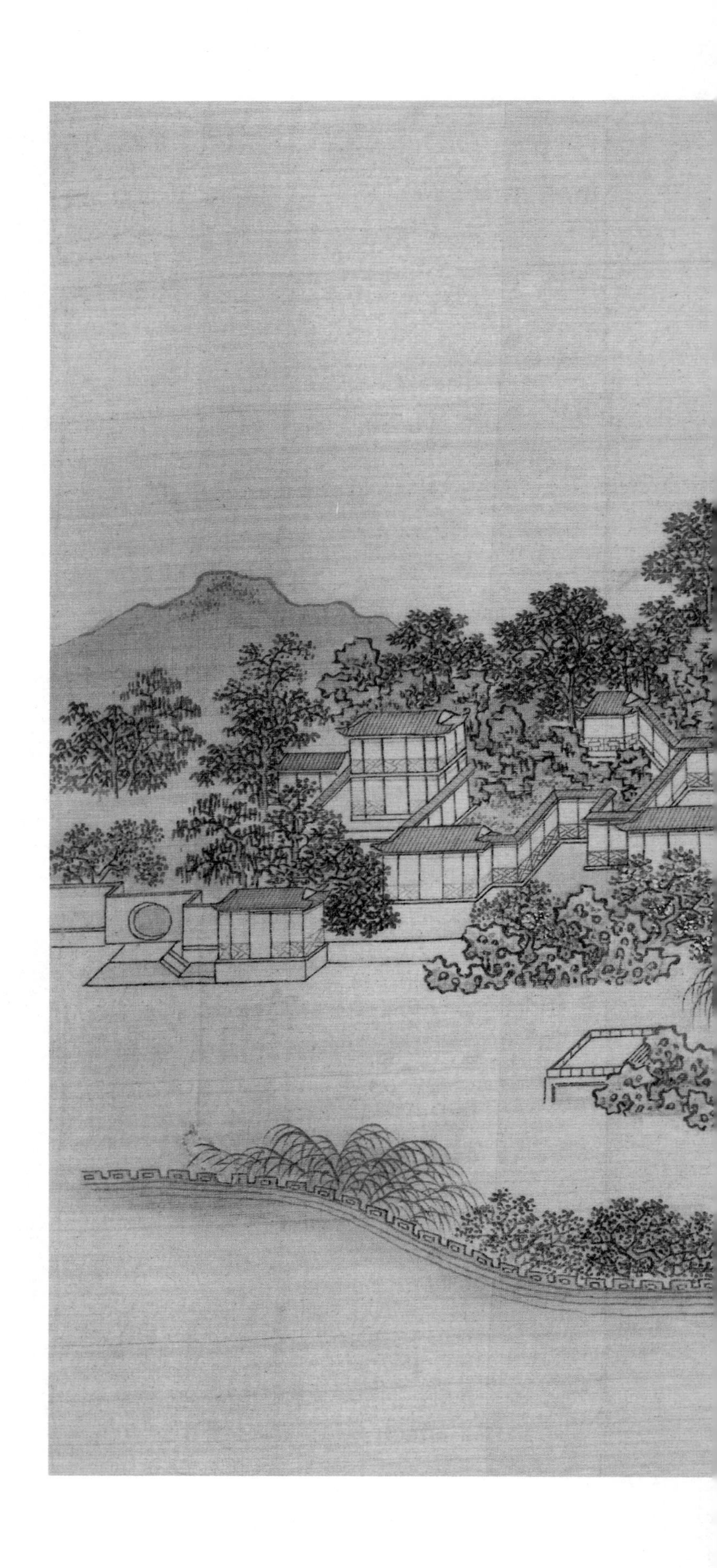

卷石洞天

图 15-28-1
[清]袁耀《邗江胜览图》

第二十八节　贺氏东园图像

贺氏东园位于瘦西湖（保障湖）中部洲岛之上，东依法海寺，西邻观音堂，南对藕香桥，北至莲花埂，是一座典型的湖上园林，因“地居莲性寺东”，①得名“东园”，亦被称之为“贺园”。园主人贺君召（生年不详），字吴村，山西临汾人，约卒于乾隆十五年，曾官至州同，②后为雍乾时期扬州著名盐商。

乾隆七年（1742），贺君召率领同乡修缮三义阁并营建东园。乾隆九年（1744）五月东园落成，以醉烟亭、凝翠轩、梓潼殿、驾鹤楼、杏轩、春雨堂、云山阁、品外第一泉、目�台、偶寄山房、子云亭、嘉莲亭并称“东园十二景”。园林南部以三义阁为主体建筑，采用规整的建筑布局，北部小鉴湖为中心，建筑环湖布置，整体景观舒朗天然。

乾隆十一年（1746），园中开红白双色莲一只，时以为瑞，园主召开雅集，期间留下大量诗文、题咏。此雅集盛会之后，东园声名日盛，跻身扬州名园之列。③乾隆二十二年（1757），随着莲花桥与白塔的建设，东园亦被改建纳入莲性寺之中。④改建后的东园失于管理，于嘉庆后圮毁，无旧迹可循。⑤乾隆十一年（1746），袁耀作《邗江胜览图》。该图为绢本设色，横262.8厘米，纵165.2厘米，采用鸟瞰视角，全景式地刻画了贺氏东园内的建筑、植物等要素，并对扬州西北角城墙和北郊风景进行了描写，充分展现了贺氏东园及其环境特征（图15-28-1）。同年刊刻的《扬州东园题咏》，书前附有袁耀绘制、江昱题写的版画《东园图》。《东园图》包含12幅图像，分别为《醉烟亭》《凝翠轩》《梓潼殿》《驾鹤楼》《杏轩》《春雨堂》《云山阁》《品外第一泉》《目矙台》《偶寄山房》《子云亭》《嘉莲亭》。此十二图皆为双页连式，共计二十四幅图版，呈现了贺氏东园的十二处景观（图15-28-2-1~图15-28-2-12）。

---

①［清］屈复：《扬州东园记》，金晶：《扬州园林文萃》，扬州：广陵书社，2018年。
②［清］徐三俊：《临汾县志·卷七》，北京：中国书店，1992年。
③［清］李斗：《扬州画舫录·卷十三》，许建中注评，南京：凤凰出版社，2013年，第338页。
④［澳］安东篱：《说扬州—1550—1850年的一座中国城市》，李霞译，北京：中华书局，2007年。
⑤朱江：《扬州园林品赏录》第3版，上海：上海文化出版社，2002年，第329页。

醉烟亭

图 15-28-2-1
[清]《东园图》——《醉烟亭》

图 15-28-2-2
[清]《东园图》——《凝翠轩》

图 15-28-2-3
[清]《东园图》——《梓潼殿》

駕鶴樓

图 15-28-2-4
[清]《东园图》——《驾鹤楼》

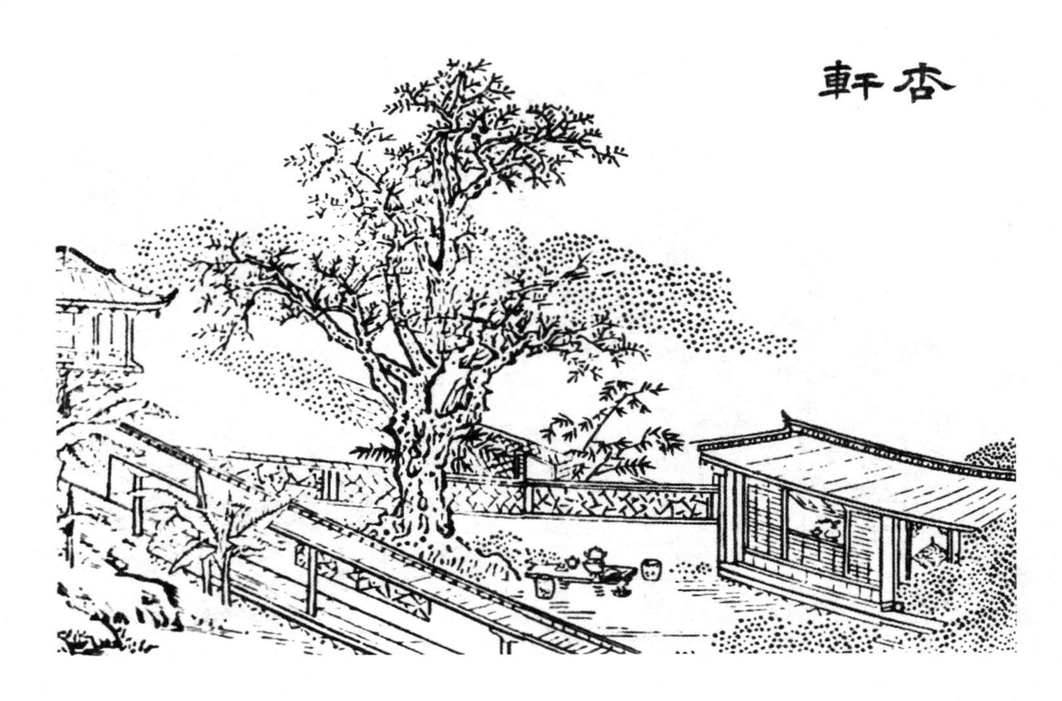

图 15-28-2-5
[清]《东园图》——《杏轩》

图 15-28-2-6
[清]《东园图》——《春雨堂》

雲山閣

图 15-28-2-7
[清]《东园图》——《云山阁》

品外第一泉

图 15-28-2-8
[清]《东园图》——《品外第一泉》

图 15-28-2-9
[清]《东园图》——《目睇台》

图 15-28-2-10
[清]《东园图》——《偶寄山房》

图 15-28-2-11
[清]《东园图》——《子云亭》

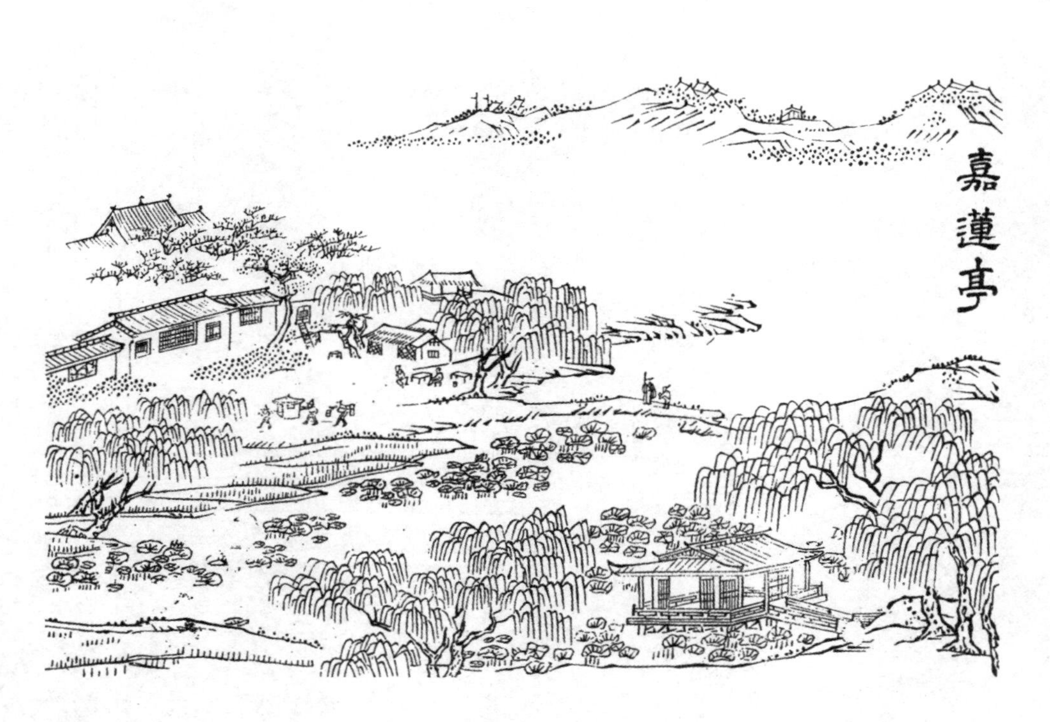

图 15-28-2-12
[清]《东园图》——《嘉莲亭》

图 15-29-1
[清]《汪氏两园图咏合刻》
——《课子读书堂》

第二十九节　南通汪氏两园图像

文园和绿净园，又称为汪氏两园，营建于雍正、乾隆年间，位于南通如东丰利镇，是如东汪氏家族的私家园林，在风格上属于徽派园林。文园始建于雍正初年，后由汪士栋、汪之珩、汪为霖等数代人的刻意经营和悉心打造，成为当地的名园和众多文人雅士相聚交往的场所。[①]乾隆末年，汪为霖在文园附近营造绿净园，园内多修竹，充满文人趣味。

道光年间汪氏后人汪承镛编纂的《汪氏两园图咏合刻》，包括《课子读书堂》《念竹廊》《紫云白云仙槎》《韵石山房》《一枝龛》《小山泉阁》《浴月楼》《读梅书屋》《碧梧深处》《归帆亭》《竹香斋》《药栏》《古香书屋》《一篑亭》，共计十四幅木刻版画图像，刻工细腻，写实性很强，呈现了汪氏两园的景观风貌。[②]

课子读书堂位于文园内韵石山房和一枝龛之间。图中课子读书堂面阔三间，悬山瓦顶，前面出廊。堂四周绕以隔墙围合成院落，院中开阔，四隅种有巨树。西墙开有月洞门，过门为另一跨院，即韵石山房所在。院西南角垒有假山，山上建有一座歇山卷棚敞轩，登轩可俯瞰全园之景。南隔墙外台基上架有连续的游廊，游廊南临园圃，圃内有多座太湖石峰（图15-29-1）。

---

① 顾启：《汪氏文园寻踪》，南通师范学院学报：2002 年第 4 期，第 142—145 页。

② [清] 汪承镛：《文园绿净园两园图记》，孟白、刘托、周亦杨主编：《中国古典风景园林图绘》第三册，北京：学苑出版社，2000 年，第 136—138 页。

念竹廊为文园内一景。图中廊为L形，内外均为竹丛。从念竹廊向南，尽头为短垣，再折向西，即为紫云白云仙槎。图中紫云白云仙槎实为藤架，旁边种有硕大的绣球和白丁香，花开时白红缤纷。前方有船轩，四面通透，以花为壁，轩内坐有两人。“紫云白云”实指花色，“仙槎”即为此船轩（图15-29-2、图15-29-3）。

韵石山房位于紫云白云仙槎西北，东侧紧靠课子读书堂小院。图中韵石山房位于假山石峰之间的台基上，面阔三间，歇山屋顶，两侧均开窗，房后有廊，四周有隔墙围合，右侧的月洞门可通向课子读书堂（图15-29-4）。

图 15-29-2
[清]《汪氏两园图咏合刻》——《念竹廊》

图 15-29-3
[清]《汪氏两园图咏合刻》——《紫云白云仙槎》

图 15-29-4
[清]《汪氏两园图咏合刻》——《韵石山房》

一枝龛位于课子读书堂东南。图中一枝龛是一座朴素的瓦顶屋舍，正面入口两侧槛墙上开直棂窗，侧面开支摘窗。屋舍前有篱笆墙围合的小院，栽植有芭蕉、竹子和桂花树。此处环境清幽隐忍，是修心之处（图15-29-5）。

小山泉阁位于一枝龛北侧的山冈上。图中山冈石壁嶙峋，植被葱郁，山中有泉涧分为数股水流，汇入山下的池沼中。山间有磴道，盘旋而上，通向山坡上的小山泉阁。图中小山泉阁位于画面左上部的山顶，前有月台，绕以石栏，建筑面阔七间，歇山卷棚顶造型（图15-29-6）。

浴月楼位于小山泉阁西南池中。图中楼高三层，两层重檐，楼前为月台，四周池中种满了荷花、藕菱。一层四周回廊，二层绕以平坐栏杆，二、三层均连通游廊。浴月楼右边筑有假山，山顶游廊与浴月楼三层相连，从游廊沿磴道可直接通向池边。池边岸线曲折，石矶姿态万千，植被以柳树、桃树、杏树较为明显（图15-29-7）。

图 15-29-5
[清]《汪氏两园图咏合刻》——《一枝龛》

图 15-29-6
[清]《汪氏两园图咏合刻》——《小山泉阁》

图 15-29-7
[清]《汪氏两园图咏合刻》——《浴月楼》

读梅书屋位于池沼西北。图中巨大的假山峰石占据了大幅画面，山中、山下种满了梅花树，形成梅林。书屋位于假山石峰之下，高两层，卷棚歇山顶，前出廊，开窗直面梅林（图15-29-8）。

碧梧深处位于梅林东。图中该景点以梧桐树为特色，树后的院中建有一座高台，台上有一屋舍，仅容两三人，屋前月台绕以石栏。屋舍掩映在梧桐树的翠影之中。其西北为凤栖山馆，在西北则为归帆亭（图15-29-9）。

《归帆亭》一图中，画幅中央为一条河流，前方的岸边有大片的柳树和竹林，树丛之间即为归帆亭。归帆亭临河而建，四方攒尖顶，四面通透。河对岸即为绿净园（图15-29-10）。

图 15-29-8
[清]《汪氏两园图咏合刻》——《读梅书屋》

图 15-29-9
[清]《汪氏两园图咏合刻》——《碧梧深处》

图 15-29-10
[清]《汪氏两园图咏合刻》——《归帆亭》

图 15-29-11
[清]《汪氏两园图咏合刻》
——《竹香斋》

竹香斋为绿净园的主厅。图中绿净园内竹林密集，间杂只有松树、柏树和柳树。植被围合一处池沼，池北有广庭，庭北即为竹香斋。竹香斋四周以竹居多，面阔三间，四周出廊，风格朴素清新（图15-29-11）。

竹香斋以东为药栏。《药栏》图中，园内植有大量的芍药，另有牡丹等花卉。前有竹篱，后有游廊，侧边有竹林，篱前种有桃树、柳树。春天花开如锦（图15−29−12）。

古香书屋位于药栏东南，书屋面阔四楹，为藏书读书之所。图中，古香书屋临河而建，四周隔墙围合，出入口设于面河处。墙内有篱墙篱门，内外多种有柳树，墙角有一株黄梅古树（图15−29−13）。

一篑亭位于古香书屋西北的山冈上。图中，山冈靠近河岸，冈下有河边小径和矮垣。一篑亭风格简朴，四方攒尖顶，四周通透。亭前后、山冈上下种有松、柏、梅、竹等植被（图15−29−14）。

图 15-29-12
[清]《汪氏两园图咏合刻》——《药栏》

图 15-29-13
[清]《汪氏两园图咏合刻》——《古香书屋》

图 15-29-14
[清]《汪氏两园图咏合刻》——《一篑亭》

第十六章

寺观园林概述

第一节 佛教与道教的发展

佛教起源于印度。东汉明帝曾遣使十八人至大月氏求经，其后竺法兰、迦叶摩腾携带经书至洛阳白马寺，翻译《四十二章经》。汉桓帝时期，安息国高僧安世高在我国翻译佛经。灵帝时期，印度高僧竺佛朗在洛阳著书，提倡佛教与中国本土文化相结合。佛教自此传入我国，并开始传播。

魏晋南北朝时期，政权分裂，战乱频繁，社会动荡，佛教得以迅速传播。曹魏嘉平年间，在印度高僧的倡导下，传入了佛教戒律制度，形成了律宗。印度名僧鸠摩罗什来到中国，翻译了大量佛经，促进了佛教文化的传播。另一位高僧佛图澄在后赵地区宣扬佛法。慧远大师师承于佛图澄的徒弟道安和尚，在庐山结白莲社，创设佛教中的重要宗派——净土宗，佛教开始中国化。南朝梁武帝时期，江南地区佛教发展很快，城镇内外、山水秀丽之处兴建了很多佛寺。禅宗第二十八代祖师菩提达摩东来，渡长江北去，隐居于嵩山少林寺，禅宗自此传入我国。

隋唐时期是中国佛教发展的全盛期。隋代智顗大师创建佛教天台宗，著有《摩诃止观》，对佛教发展有承上启下的作用。唐代设立了僧正、道箓等宗教管理部门，玄奘法师远赴印度带回了大量佛教经典，在唐太宗支持下将其翻译为汉文。法藏大师推动了华严宗的创建，密宗在这一时期也由印度传入。自此，佛教十大宗派[①]全面确立。其中，禅宗一枝独秀，经过六祖慧能、马祖道一和百丈禅师的改制，形成了中国禅宗的丛林制度。

中唐至五代时期，禅宗衍生出了临济宗、曹洞宗、云门宗、沩仰宗和法眼宗五个支派。宋代，佛教思想与儒学结合，禅宗思想推动了理学的产生与发展。元代密教随着蒙元政权的确立得以传播。明代理学大振，禅宗继续发展为佛教的中坚，佛、儒不断交融。清代，密宗因清与蒙藏修好而传入内地，在北京等地营造了大量的喇嘛教寺院。清初，清政权既已册封达赖、班禅，并尊奉章嘉呼图克图为国师。雍正、乾隆信奉佛道，雍正称为“园明居士”，深谙佛理，并下诏弘扬临济宗，成为禅宗大宗师。除禅宗、天台宗、净土宗外，其他佛教宗派均有所衰落。[②]

早在春秋时期，出现了道教的思想基础——道家学说与神仙思想。道家是诸子百家之一，以老庄学说为代表。老庄是对老子和庄子的概称。老子，姓李名耳，春秋末期楚国人，著有《老子》一书，[③]提出“天道无为”“道法自然”的思想学说，庄子的代表作为《庄子》，提倡修身、养性之法。这一时期，各国出现了“方伎之士”，宣扬通过修炼达到长生不老的神仙境界。道家与方士思想合流，进而发展成为道教之雏形。

秦汉时期，神仙思想进一步发展。秦始皇听从方士之言，派人出海寻求仙山丹药，汉武帝实施“罢黜百家、独尊儒术”的统治措施，道家思想仍受重

---

① 佛教十大宗派包括净土宗、天台宗、律宗、成实宗、三论宗、俱舍宗、禅宗、华严宗、法相宗、密宗。
② 南怀瑾：《中国佛教发展史略》，《南怀瑾选集》第五卷，上海：复旦大学出版社，第404—422页。
③ 袁培智，袁辉：道德经的智慧，北京：中国长安出版社，第1页。

视。汉武帝执迷于神仙方术，遣使入海寻求蓬莱仙山，并在建章宫设“一池三山”，模拟东海神山。

汉末魏晋时期是道教初创时期。东汉末年，张道陵居于蜀地鹄鸣山，创设“五斗米道”。张道陵因此被后人称为“天师”。魏伯阳融合《周易》与老庄学说，结合丹道之术，著有《参同契》，推动了炼丹修炼之法的系统化。魏伯阳因此被称为“火龙真人”，成为道教丹经鼻祖。魏晋时期，许旌阳（名逊，字敬之，汝南人）在江西创设净明忠孝教，宣扬孝道，弘扬庐山道法。葛洪（字稚川，丹阳句容人）在南方广东著有《抱朴子》，阐述了修炼丹道的规范。张道陵、魏伯阳、许旌阳、葛洪的思想与活动为道教的建立奠定了基础。

北魏时期，道士寇谦之（字辅真，雍州人）正式创立道教。南朝陶弘景在句容茅山隐居修道，著有《真诰》等书，融会佛道两家思想，推动了道教的定型。唐代是道教大发展的时期。唐朝皇室“李”姓与老子有同宗关系，唐高祖李渊下诏建老子庙，唐太宗时期封老子为道教教主“太上老君”。唐玄宗时期，《老子》更名为《道德经》，《庄子》更名为《南华经》，《列子》更名为《清虚经》，从而确定了道教的真经。唐末吕纯阳（字洞宾）创立新兴道教，融合佛道修炼之法，并著有《丹诀百字铭》，影响甚大。吕纯阳因此成为“八仙过海”中的核心人物，各地多建有其祠庙。

宋代时期，道家成为与儒家、释家并列的主流思想之一。宋初，陈抟（字图南，亳州人）隐居于华山，创华山道派，声名远播。宋徽宗崇信道教，于大内御苑中营造上清宝箓宫，作为道士讲经之处。张用诚（号紫阳）融合佛、道两家的修身之法，著有《悟真篇》，系统阐述了修炼丹道方法，被推崇为道教南宗代表人物。王嚞（字知明，道号重阳，陕西人）、丘处机（字通密，号长春子，登州人）师徒创设全真道，成为北方道教的中坚。

明清时期，道教依旧受到统治阶层的礼遇。明太祖朱元璋与道教周颠交好，为其作有《御制周颠仙人碑记》。明成祖时期，武当山成为道教中心。武当山道观供奉真武大帝，武当道派则以张三丰为祖师。清朝，康熙帝颁发《老子》一书，以“外示儒术，内用黄老”之术治国。雍正推崇张紫阳道学，为《悟真篇》亲自作序。道教宗派主要为北方全真道的龙门派和正一派。[①]

① 南怀瑾：《中国道教发展史》第二版，上海：复旦大学出版社，2016 年，第 11、13、14、19、23、25、34、35、39、46、52、61、70、73、77、82、88、100、104、110—112 页。

第二节　寺观园林的选址

寺观园林即隶属于佛寺道观的园林。魏晋南北朝时期，由于统治阶层普遍信奉佛教，所建佛寺不仅数量众多，而且规模较大。如北魏洛阳永宁寺，为胡太后所建。寺院建筑风格华丽尊贵、用工精巧，僧房楼阁达上千间。这些佛寺的建筑物之间，往往带有附属园林。佛教信徒经常舍宅为寺，如太傅王怿将其住宅捐为冲觉寺，中书舍人王翊将其宅捐为愿会寺，南朝宋明帝将其故宅改建为湘宫寺，这些宅院原有的园林，成为寺院的附属园林。

城镇以外，山岳之间，也兴建了大量的佛寺道观。因为佛教讲究长期潜心修行，道教讲究清心寡欲、炼丹采药、聚天地之气，所以常在名山大川、山清水秀之处修建寺观。东晋时期慧远在庐山建东林寺，智𫖮法师在天台山建天台寺，成为净土宗、天台宗的发源地。葛洪曾在茅山修炼，南朝道士陶弘景在茅山立馆，使得茅山成为道教上清派的传承之处。五岳名山自魏晋南北朝以后也是重要的佛教道场，前秦高僧朗公在泰山建造朗公寺，此后又先后建成玉泉寺、普照寺、神宝寺等。北魏时期嵩山建有少林寺和嵩岳寺，恒山建有悬空寺，南朝时期衡山建有方广寺、般若寺、南台寺等。五岳名山风光瑰丽、山势奇伟，在此营造寺院道观，一方面有利于弘扬修习佛法、锤炼心志，另一方面访客络绎不绝，促进了对五岳风景的开发。

第十七章

寺观园林图像概述

本书收录的寺观园林图像主要来源于《西湖纪胜图》《关中胜迹图志》《南巡盛典》《西巡盛典》《钦定热河志》《鸿雪因缘图记》等。除了《西湖纪胜图》为水墨绘画作品外，其余皆为宫廷典籍、方志和游记的木刻版画插图。

孙枝（生卒年不详，字叔达，号华林），吴县（今江苏苏州）人，师法文徵明，擅长山水画。其所绘《西湖纪胜图》册页中包括《法相寺》《高丽寺》《大佛寺》《灵隐寺》《上天竺》五幅西湖周边寺观图像，本书全录。

陕西巡抚毕沅（1730—1797，字纕蘅、弇山，号秋帆）于乾隆四十一年（1776）撰成《关中胜迹图志》，后被著录入《四库全书》。《关中胜迹图志》中有《慈恩寺图》《荐福寺图》《华岳庙图》三幅寺观园林图像，本书全录。

乾隆三十五年，两江总督高晋主持编纂的《南巡盛典》中，有大量以乾隆南巡途经游历的寺观为主题的版刻插图，描绘了寺观的布局、建筑和园林的景观面貌。本书收录其中的十五幅图像，包括《宏恩寺》《开福寺》《岱庙》《孔庙》《孔林》《孟庙》《云栖寺》《云林寺》《昭庆寺》《理安寺》《宗阳宫》《法云寺》《大佛寺》《玉泉鱼跃》《南屏晚钟》。

嘉庆年间，董诰等在《钦定清凉山志》的基础上编修《西巡盛典》，由武英殿刊行。《西巡盛典》中有十八幅五台山寺观图像，分别为《灵济祠》《普佑寺》《招提寺》《印石寺》《涌泉寺》《镇海寺》《殊像寺》《菩萨顶》《大螺顶》《金刚窟》《普乐院》《罗睺寺》《显通寺》《塔院寺》《玉花池》《寿宁寺》《崇因寺》《大慈阁》，本书全录。

热河，即承德，是清廷木兰围猎必经之处，康熙年间在此修建有避暑山庄，规模宏大。乾隆年间，继续营造避暑山庄，使其成为清代著名的离宫御苑。乾隆四十六年（1781），和珅、梁国治编纂、武英殿刊刻的《钦定热河志》共一百二十卷，是关于热河最为全面的地理方志。其中木刻插图极为丰富，不仅有避暑山庄图像，还包括承德的寺观图像。本书收录其中的十一幅寺观图像，分别为《永佑寺》《鹭云寺》《珠源寺》《普宁寺》《普佑寺》《安远庙》《普乐寺》《普陀宗乘之庙》《殊像寺》《广安寺》《须弥福寿之庙》。

道光年间，内务府旗人完颜氏麟庆（1791—1846，字伯余、振祥，号见亭）编纂有《鸿雪因缘图记》，于道光二十七年（1847）刊刻。麟庆家族为清廷内务府世家，麟庆自小随其父和祖父走南闯北，其出仕后足迹遍于大江南北。《鸿雪因缘图记》主要是记录其宦海经历，其中的木刻插图呈现了其一生游历的名胜与寺院。《鸿雪因缘图记》内有版画插图《潭柘寻秋》《猗玕流觞》《灵光指径》《秘魔三宿》《香界重游》《五塔观乐》《宝藏攀桂》《卧佛遇雨》《碧云抚狮》《大觉卧游》《相国感荫》《元妙寻蕉》《净慈禅坐》《玉泉引鱼》。这十四幅图像描绘了潭柘寺、灵光寺、证果寺、香界寺、五塔寺、宝藏寺、卧佛寺、碧云寺、大觉寺、大相国寺、元妙观、净慈寺、清涟寺的园林景观，本书全录。

第十八章

寺观园林图像

图 18-1-1
[清]《南巡盛典》
——《宏恩寺》

第一节　宏恩寺图像

宏恩寺位于良乡县，周围环境清幽、林木苍翠。《南巡盛典》中的《宏恩寺》图中，寺院坐北朝南，两路多进格局。西路轴线上依次为山门、护法殿、弥勒殿、药王殿、大悲阁，四周回廊围合。各殿均为歇山顶，殿顶有正脊。大悲阁由三座高三层的楼阁组合而成，三重檐屋顶，前出廊。东路轴线上依次为内宫门、二宫门、后殿、玉皇阁。玉皇阁高三层，面阔五间，四面出廊，重檐歇山顶。除了玉皇阁以外，东路其他建筑均为卷棚顶，因此并非寺院原有建筑，而是供清帝参拜寺院时候使用（图18-1-1）。

图 18-2-1
[清]《南巡盛典》
——《开福寺》

第二节　开福寺图像

开福寺位于景州治所西北，始建于明朝。《南巡盛典》中的《开福寺》图中，寺院周围环境树木繁盛，寺院格局为前塔后殿。山门后为天王殿，天王殿两侧延伸出院墙，围成一个大院。院中前部矗立一座石塔。该塔相传建于隋朝，共有十三级，平面为六边形，塔底周边环以六边形石栏，塔后一座面阔、进深均三间的佛殿，再往后为千佛阁。千佛阁高三层，重檐歇山顶，两侧有跨院。东跨院由两座合院构成，建筑非寺院建筑形制，应为清帝巡行此地的歇脚之处。西跨院由三座寺院建筑围合而成（图18-2-1）。

第三节　岱庙图像

岱庙位于泰山山麓、泰安府城西北，雍正七年（1729）重修。《南巡盛典》中的《岱庙》一图中，岱庙坐北朝南，呈中轴对称布局。自入口经大山门、二山门进入主院。主建筑峻极阁位于高大的台基上，面阔七间，高两层，重檐歇山顶，阁两边各有一座四边角亭。山门两侧各有跨院。西跨院植有唐槐，院内有环咏亭，是历代游人题咏之处。东跨院有御诗亭，植有数株汉柏。东西跨院同时也是乾隆巡幸此处的歇脚之处（图18-3-1）。

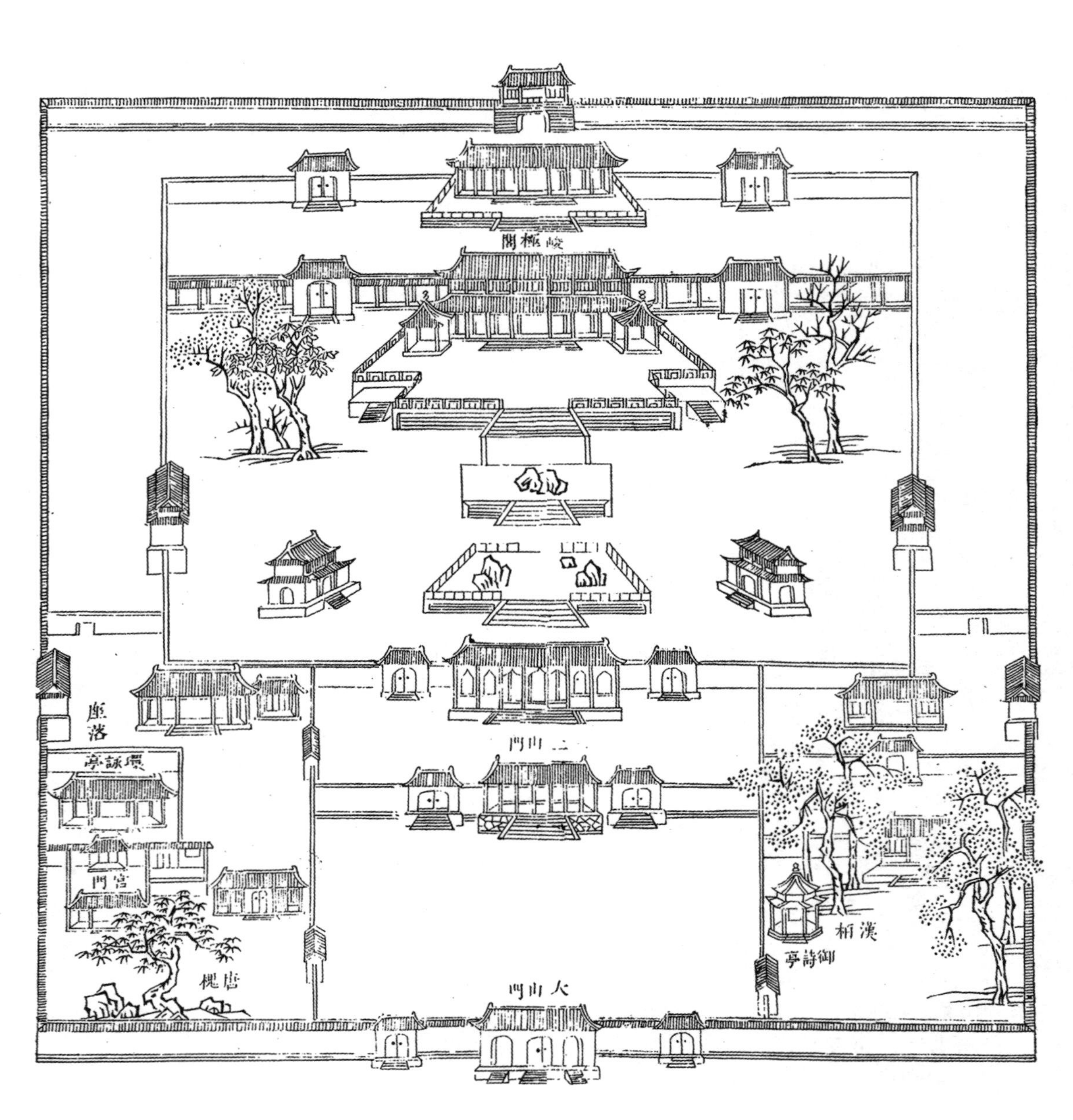

图 18-3-1
[清]《南巡盛典》——《岱庙》

第四节　孔庙图像

孔庙为祭祀孔子的本庙，位于曲阜县城内。历代帝王均重视修葺、增建孔庙。《南巡盛典》中的《孔庙》图中，孔庙坐北朝南，呈中轴对称布局。西侧有乐器门、观德门、仰高门，东侧有礼器门、毓粹门、快睹门。主入口为南侧的圣时门，门前有至圣坊、棂星门，门内有池沼，池上架有三桥，过桥后自南向北沿中轴线依次为宏道门、大中门、同文门、奎文阁，奎文阁后为大成门和大成殿。大成门后有孔子手植的桧树和其讲学使用的杏坛。大成殿是孔庙的主殿，位于三层台基上，殿高两层，气势恢宏。大成殿后有一后院，内有寝殿，再向北为圣迹殿。大成殿东西两侧各成一路。西路有启圣门、金丝堂、启圣殿、寝殿，东路有承圣门、礼诗堂、五代祠和家庙（图18-4-1）。

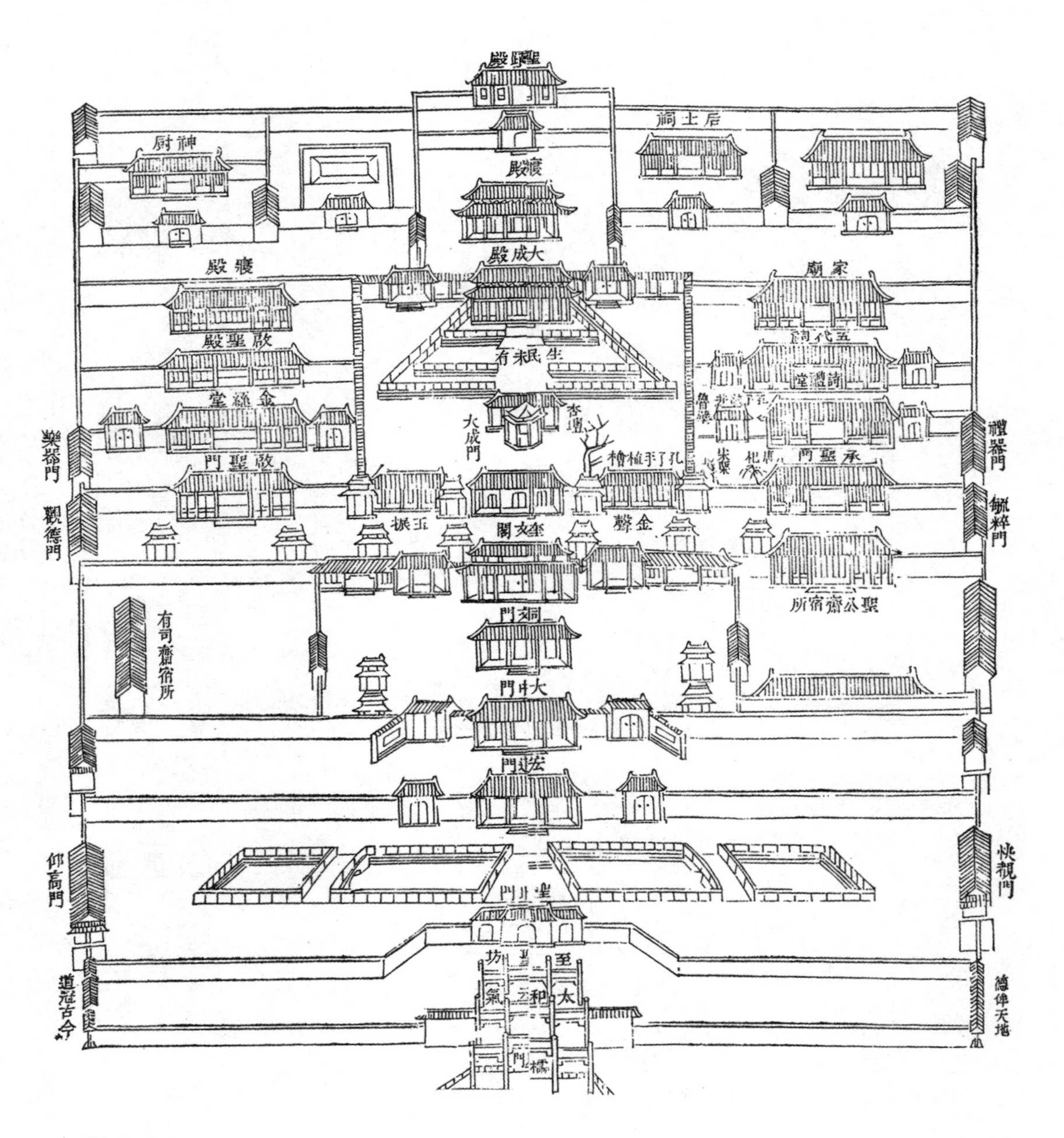

图 18-4-1
［清］《南巡盛典》——《孔庙》

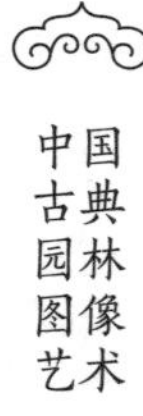

图 18-5-1
[清]《南巡盛典》
——《孟庙》

第五节　孟庙图像

孟庙位于邹县城南，是祭祀孟子的祠庙，距离孟子故里三十余里。《南巡盛典》中《孟庙》图中，庙堂内外树木参天、植被苍郁。入口从外向内共有三进，轴线上依次为亚圣坊、棂星门、仪门、承圣门。仪门前有御碑亭一座。承圣门以北第四进院分为三路。中路自承圣门起，内有亚圣殿、寝殿，亚圣殿为拜祭主殿，位于高台基上，面阔五间，重檐歇山顶。西路自致敬门进入，内有致敬堂和家庙。东路自启贤门入，内有邾国公殿和宣献夫人殿（图18-5-1）。

图 18-6-1
[明]孙枝《西湖纪胜图》
——《法相寺》

第六节 法相寺图像

法相寺位于杭州三台山东麓。清代《西湖志纂》卷五中记载："法相寺，在惠因寺北。《咸淳临安志》：天福四年吴越王建，旧名长耳相。大中祥符九年改今额。《西湖游览志》：后唐时，有僧行修号法真，生有异相耳长九寸，上过于顶，下可结颐，称长耳和尚。天成二年，自天台国清游钱塘，吴越王待以宾礼，居法相院，乾祐四年示寂，其徒漆其真身存焉。国朝康熙五十三年殿毁重建。"

孙枝的《西湖纪胜图》中有《法相寺》一图（图18-6-1）。图中寺院依山而建，周围多青松，一条"之"字形山径通向山门。山门内殿宇围合中院，主殿建于高台基上。

图 18-7-1
[明] 孙枝《西湖纪胜图》
——《上天竺》

第七节　上天竺寺图像

上天竺寺又名法喜寺，位于天竺山中。晋天福四年（939）僧道翊结庐山中。钱镠在此建天竺观音看经院。嘉祐年间，僧元净住持，大兴殿宇。治平年间，郡守蔡襄奏赐“灵感观音”殿额。乾道三年（1167），山中建十六观堂，乾道七年，改院为寺。庆元三年（1197），改天台教寺。至元三年（1266）毁。至元五年，僧庆思重建，称为天竺教寺。元末毁。明洪武初重建，万历二十七年重修。崇祯末年又毁，清初又建。[①]

孙枝所绘《西湖纪胜图》中《上天竺》一图（图18-7-1）中，寺院占地面积广阔，殿阁数量多且多为重檐，主殿位于高大的台基上，隔墙、殿阁将寺院分为多进回院。

---

① [明] 张岱著，林邦钧注评：《西湖梦寻注评》，上海：上海古籍出版社，2013 年，第 81 页。

图 18-8-1
[清]《南巡盛典》
——《云栖寺》

第八节　云栖寺图像

云栖寺位于杭州钱塘江边，原为北宋时期吴越王所建，曾名栖真院。明隆庆年间，禅师袾宏在此地建庵，掘地发现古云栖寺碑，山半有洗心亭。康熙、乾隆南巡多次拜访云栖寺。《南巡盛典》中有插图《云栖寺》。图中并未着眼于描绘云栖寺全貌，而是以大幅画面表现了寺院周围的山林环境，烘托出丛林宝刹的意境。山中植被茂盛，山涧流淌，一条山道隐隐约约在竹林之间穿行，直达山中的云栖寺主院。道边建有洗心亭，为游人休憩之处（图18-8-1）。

图 18-9-1
[明] 孙枝《西湖纪胜图》
——《灵隐寺》

第九节　灵隐寺图像

灵隐禅寺又名云林寺，位于杭州北高峰下，始建于东晋，由僧人慧理建造。吴越王在寺中建四塔、千佛阁、法堂、弥勒阁、祇园。宋代景德年间改名“景德灵隐寺”，南宋时期为“五山”第二，改法堂为直指堂。元代至正年间损毁，于明代初年重建，并更名为“灵隐寺”。清代大修殿宇，内有天王殿、轮藏殿、伽蓝殿、罗汉殿、金光明殿、大悲殿、法堂、方丈直指堂、大树堂、南鉴堂、联灯阁、华岩阁、青莲阁、梵香阁、红于阁、玉树林、法寿堂、蒙堂、万竹楼、钟楼、普同塔院。康熙二十八年赐名“云林寺”。①

明代吴门画派孙枝的《西湖纪胜图》中有《灵隐寺》一图（图18-9-1）。图中，云林寺背倚北高峰，松林环绕，环境清幽。前有重檐山门，寺墙向两侧延伸，院内重檐主殿坐落于高台上。山门前有溪流，水边建有一座供人休憩的重檐四方亭。

①［清］沈德潜等修，梁诗正纂：《西湖志纂》卷八。

《南巡盛典》中的《云林寺》插图显示了完整的寺院空间格局。图中云林寺格局为多重多进，自山门进入，殿宇随着地势增高不断抬升。中路两侧有多座跨院禅房，植被掩映，尤以松、竹居多（图18-9-2）。

图 18-9-2
[清]《南巡盛典》——《云林寺》

《水流云在图》中有《灵隐探云》一图。图中飞来峰占据了画面中心，崖壁瘦削嶙峋。瀑布横空泻下，注入池潭。崖前有冷泉亭，平面六边形，攒尖顶。崖后可见寺院入口和殿宇（图18-9-3）。

图 18-9-3
[清]《水流云在图》——《灵隐探云》

图 18-10-1
[清]《南巡盛典》
——《昭庆寺》

第十节　昭庆寺图像

始建于吴越时期，原名菩提院。北宋太平兴国三年（978），增建戒坛。元末损毁，洪武年间重建，成化年间损毁后僧人广慎重建。嘉靖三十五年，寺院被倭寇占据，都御史李天宠将其焚毁，后由胡宗宪重建。康熙五十二年（1713）又重修。[①]

《南巡盛典》中的《昭庆寺》图中，寺入口位于西湖边，山门前有放生池，门后依次建有佛殿与戒坛。主建筑西侧有多座跨院，院内建有禅房、座落、精舍。四周林木掩映，地势较为平坦，背景为微微隆起的山脉（图18-10-1）。

①［清］沈德潜等修，梁诗正纂：《西湖志纂》卷七。

图 18-11-1
[清]《南巡盛典》
——《理安寺》

第十一节　理安寺图像

理安寺位于杭州南山十八涧，原名法雨寺。五代时有伏虎逢禅师隐居于此，吴越王建寺，宋理宗时改为“理安”。明弘治四年洪水发，寺院被毁。万历年间佛石禅师重建，内建松巅阁、符梦阁。康熙五十三年（1714）重建寺院。[①]

《南巡盛典》中的《理安寺》一图中，寺院周围山势崇峻，植被苍郁，山涧横流。涧水上建有鹤涧桥，桥头有休憩亭。山路沿坡曲折而上，通向竹林掩映中的理安寺山门。寺院基本是中轴对称格局，以廊庑围合成多进合院。竹林青松之间有法雨泉（图18-11-1）。

①［清］沈德潜等修，梁诗正纂：《西湖志纂》卷四。

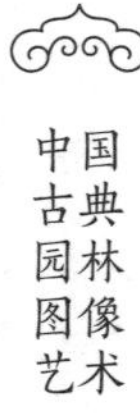

图 18-12-1
[清]《南巡盛典》
——《宗阳宫》

第十二节　宗阳宫图像

宗阳宫原为宋高宗的德寿宫，后改为重华宫、宗阳宫。此处原为南宋内苑，宋高宗在此凿池引水、叠石筑山，植花辟圃，建有无极殿、顺福殿、毓瑞殿、申佑殿、景纬殿、玉籁楼、蕊简楼、大范堂、观化堂、观妙堂，会真斋、澄妙斋、丹丘亭、玄圃亭等。元时荒芜。弘治元年相继重修，内有老君台、得月楼。①

《南巡盛典》中有《宗阳宫》一图。图中，宗阳宫显示为规整的寺观格局，建筑按照左中右三路布局，前后院墙隔离成多进方院。山门面阔三间，两边耳房也面阔三间，耳房两侧伸出八字墙。内部建筑多为三开间，唯有右路建筑开间较多，并筑有“一丈峰”假山（图18-12-1）。

①［明］田汝成：《西湖游览志》卷十七。

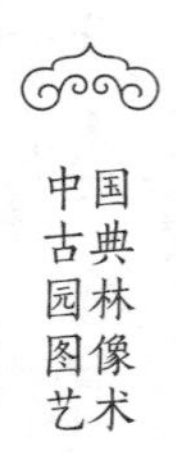

图 18-13-1
[明] 孙枝《西湖纪胜图》
——《高丽寺》

第十三节　法云寺图像

法云寺为吴越王所建，位于杭州赤山，与灵隐寺甚近，原名慧因禅寺，又因曾有高丽王子献《法华经》三百部于此，而称为高丽寺。洪武九年（1376），双林寺愚禅师重建。[①]乾隆二十二年（1757）御赐名为法云寺。

明代孙枝《西湖纪胜图》中有《高丽寺》一图（图18-13-1）。图中，寺院前有山岭，背景是一片田野。山门开在路边，内有重檐歇山顶主殿。殿后是三重檐的攒尖顶阁。阁后有楼。

①［明］田汝成：《西湖游览志》卷十八。

图 18-13-2
[清]《南巡盛典》
——《法云寺》

《法云寺》一图中，寺院隐于崇峰峻岭之间，入口临宽阔的溪涧，需要过桥而入。寺内建筑表现较为简略，可见院墙隔成数座方院。寺外则溪流潺潺，植被苍翠（图18-13-2）。

图 18-14-1
[明]孙枝《西湖纪胜图》
——《大佛寺》

第十四节　大佛寺图像

大佛寺位于钱塘门外石佛山。大石佛，旧传为秦始皇缆船石。宋宣和年间，僧人镌石为半身佛像，饰以黄金，构殿覆之，遂名为“大石佛院”。至元年间，佛院损毁，佛像亦剥落。明永乐年间，僧志琳重建，敕赐为“大佛禅寺”。弘治四年（1491），僧永安重修。①

明代孙枝的《西湖纪胜图》中有《大佛寺》一图（图18-14-1）。图中，寺院依山傍水，植被丰富，林木掩映中露出数座重檐殿阁。山门与主殿均面向水面。

①［明］田汝成：《西湖游览志》卷八。

图 18-14-2
[清]《南巡盛典》
——《大佛寺》

《南巡盛典》中的《大佛寺》一图中，寺院依山势而建，沿水边石阶直上山门，门内为方院，主殿位于高大的台基上，重檐歇山顶。主院一侧有跨院，内有僧房座落（图18-14-2）。

第十五节　净慈寺图像

净慈寺位于南屏山慧日峰下，始建于后周显德元年（954），原名“慧日永明院”。衢州道潜禅师在此居住修行，始作罗汉堂。宋建隆初年（960）院内凿圆照井。宋太宗赐“寿宁禅院”匾额。宋室南渡后，毁而复兴，院内建田字殿，贮五百阿罗汉塑像。绍兴九年（1139）改赐“报恩光孝禅寺”，绍兴十九年（1149）改为“净慈”之名。孝宗时期寺内建慧日阁。绍定四年（1231）僧人法薰于佛殿前凿双井，淳祐十年（1250）建千佛阁。元代杭州诸寺皆毁，唯此寺独存。明洪武年间僧人法净重建，正统年间僧人宗妙复建，内有永明室、圆照楼、丛玉轩、一湖轩诸建筑。①

《鸿雪因缘图记》中的插图《净慈坐禅》描绘了杭州净慈寺内景。图中前为天井小院，院内植有树木，左侧矗立一尊太湖石，石后篁竹，石下植草。两座建筑围合天井，建筑屋檐下均挂有竹帘。中间的建筑为主厅，中央蒲团上坐有两人，后侧为几案，厅角置有兰草。侧边房屋内置有书桌、书棚（图18-15-1）。

《水流云在图》中有《净慈礼佛》一图。图中，寺院位于湖边，植被萧瑟。山门前有照壁，入内有歇山顶的佛殿，殿旁的空地上有井。临湖处建有两层高的楼阁，侧有廊庑与后阁相连（图18-15-2）。

---

①［清］沈德潜等修，梁诗正纂：《西湖志纂》卷十八。

图 18-15-1
[清]《鸿雪因缘图记》——《净慈坐禅》

图 18-15-2
[清]《水流云在图》——《净慈礼佛》

第十六节　清涟寺图像

清涟寺位于北山青芝坞。南齐建元年间，僧人昙超于此说法，涌泉而出，建龙王祠。晋天福三年，于泉旁始建净空院。宋理宗赐匾额“玉泉净空院”。寺院前有池塘，池水清澈，蓄养五色鱼数十头，游泳如画，其泉灌溉千顷良田。[①]元毁，明代时增新建大士楼。康熙南巡时路过此寺，御赐清涟寺匾额。[②]

玉泉鱼跃一景位于清涟寺中。《南巡盛典》的《玉泉鱼跃》图中，清涟寺背倚西山，前临溪流，流水自西山而来，在寺内形成方沼，名为玉泉。寺院建筑形制工整，主体殿宇沿轴线自低向高排列，两侧环以廊庑。玉泉位于入口后的跨院内，环池均为水廊，水中养鱼，见人不惊（图18-16-1）。

《鸿雪因缘图记》中有《玉泉引鱼》一图。图中玉泉位于画面左下半部，池中置有太湖石，多尾池鱼在水中游动。图像右前方为三开间的屋宇，悬山屋顶，正面临水，前面出廊，临水绕以回栏，是一处观鱼的场所。屋宇旁边有平院，院中种植有篁竹。池另一侧有砖石砌筑的基座，基座上建有廊庑，廊庑呈曲尺状，向右侧延伸环绕平院。环池皆为石栏杆，置有盆栽花木（图18-16-2）。

---

①［明］田汝成：《西湖游览志》卷九。
②［清］沈德潜等修，梁诗正纂：《西湖志纂》卷七。

图 18-16-1
[清]《南巡盛典》——《玉泉鱼跃》

图 18-16-2
[清]《鸿雪因缘图记》——《玉泉引鱼》

第十七节　灵济祠图像

灵济祠位于唐县西，靠近唐河与大洋河，北边为柏岩山与葛洪山。灵济祠原名河神祠，始建于乾隆十年（1745）。乾隆十一年（1746），乾隆帝赐名为灵济祠，并赠予匾额“灵源协顺”。嘉庆西巡时曾巡幸至此。①

《西巡盛典》卷十三中有插图《灵济祠》。图中，祠庙建筑分为左右两路。左路自前向后依次为山门殿、垂花门、河神殿、后殿。右路依次为宫门、垂花门、座落。座落为前后两卷棚顶，其后的院内有水池、植被。垂花门与座落之间以廊庑围合。左路建筑是河神殿的原有建筑，右路建筑应为嘉庆西巡时巡幸此处的休憩场所（图18-17-1）。

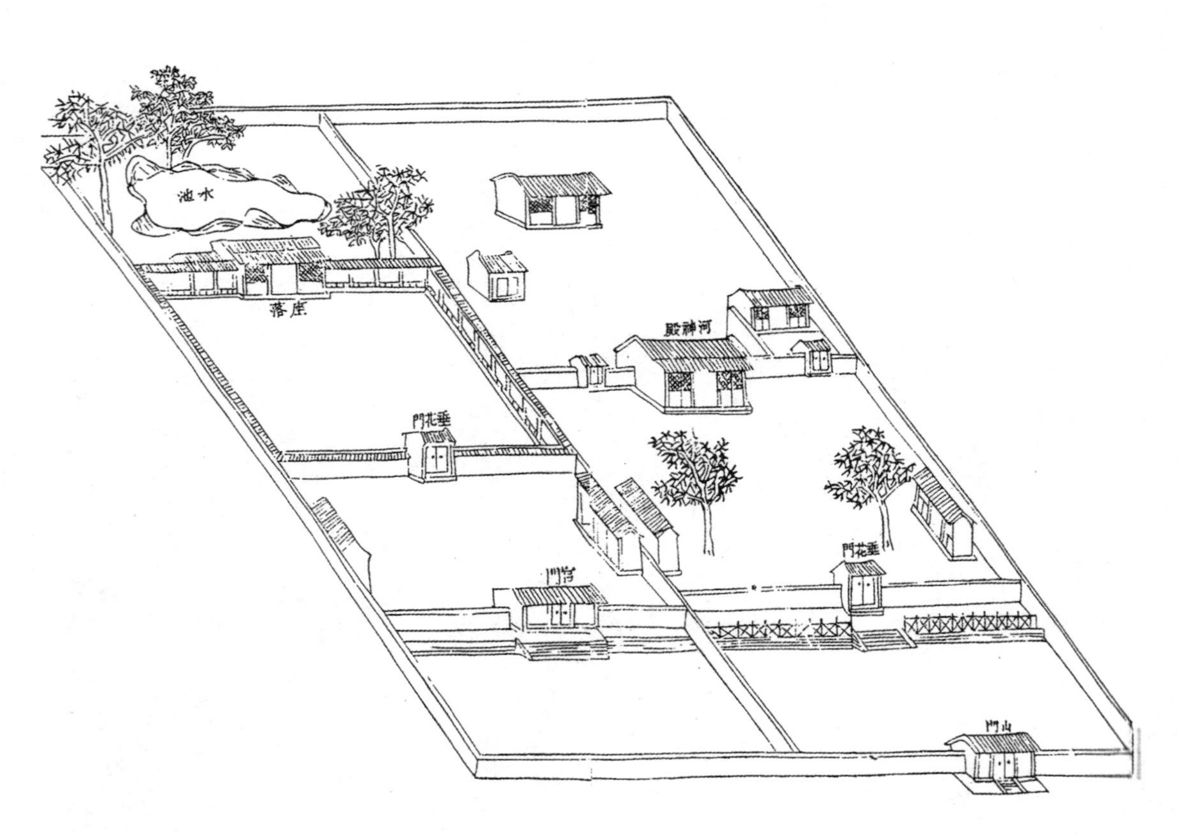

图 18-17-1
[清]《西巡盛典》——《灵济祠》

① [清]《西巡盛典》卷十三。

第十八节　万松山普佑寺图像

普佑寺，又名长寿寺，位于阜平县东、万松山南麓，始建于明代万历年间。康熙二十六年（1687），康熙西巡至此曾御题匾额“松石禅”。乾隆十一年（1746），乾隆也曾巡幸至此，并赐匾额。[①]嘉庆西巡时曾巡幸至此。《西巡盛典》卷十三中有插图《普佑寺》。图中，寺院主要建筑形成中心轴线。自南向北依次为山门殿、天王殿、佛殿、大慈阁。山门殿面阔三间，殿后院内左右各置有一塔。天王殿面阔三间，两侧各伸出三开间耳房。佛殿面阔五间，大慈阁高两层，面阔五间，两侧各有五开间耳房。天王殿、佛殿与大慈阁之间以廊庑围合成院。殿宇建筑基本为卷棚硬山顶（图18-18-1）。

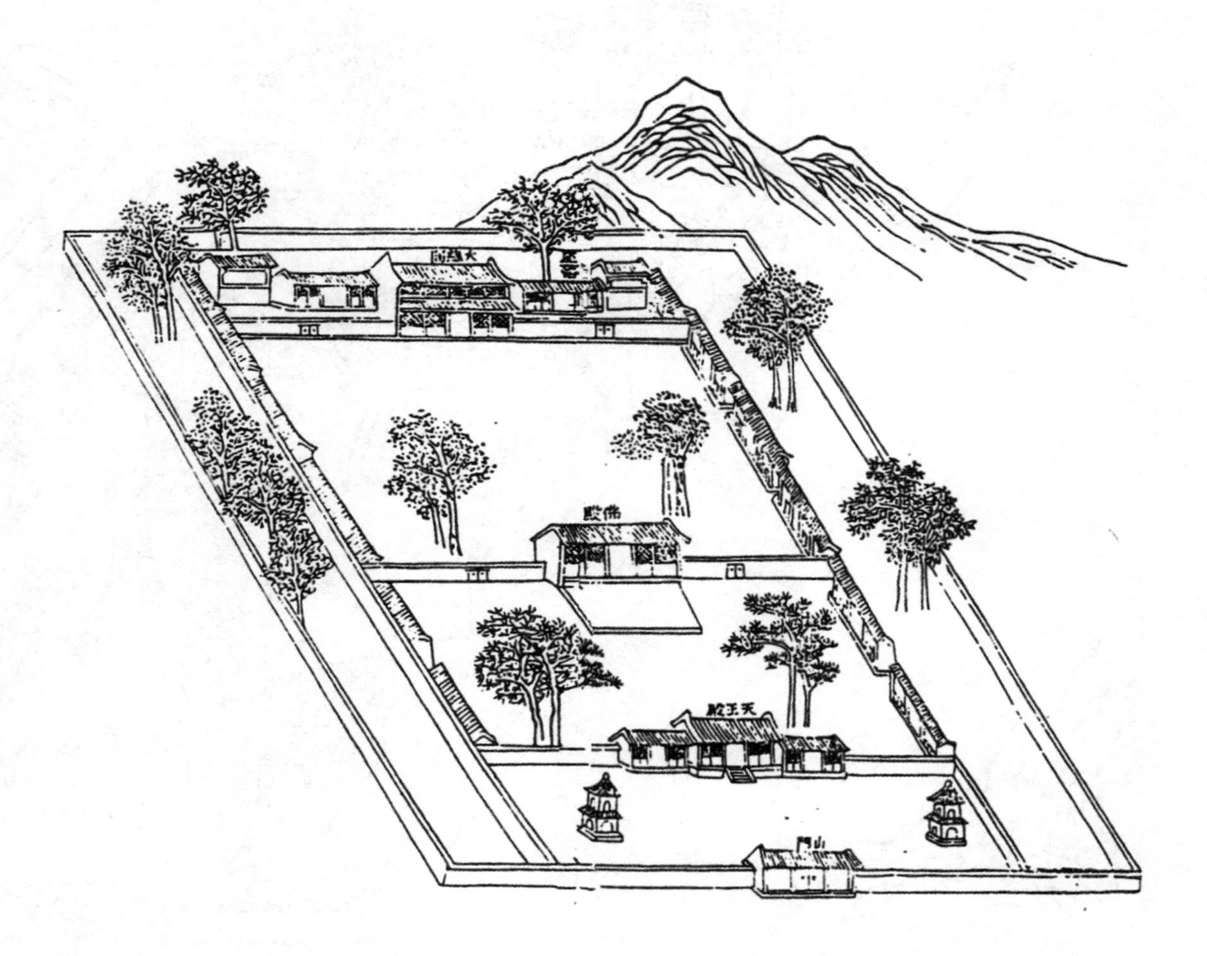

图 18-18-1
[清]《西巡盛典》——《普佑寺》

①[清]《西巡盛典》卷十三。

图 18-19-1
[清]《西巡盛典》
——《招提寺》

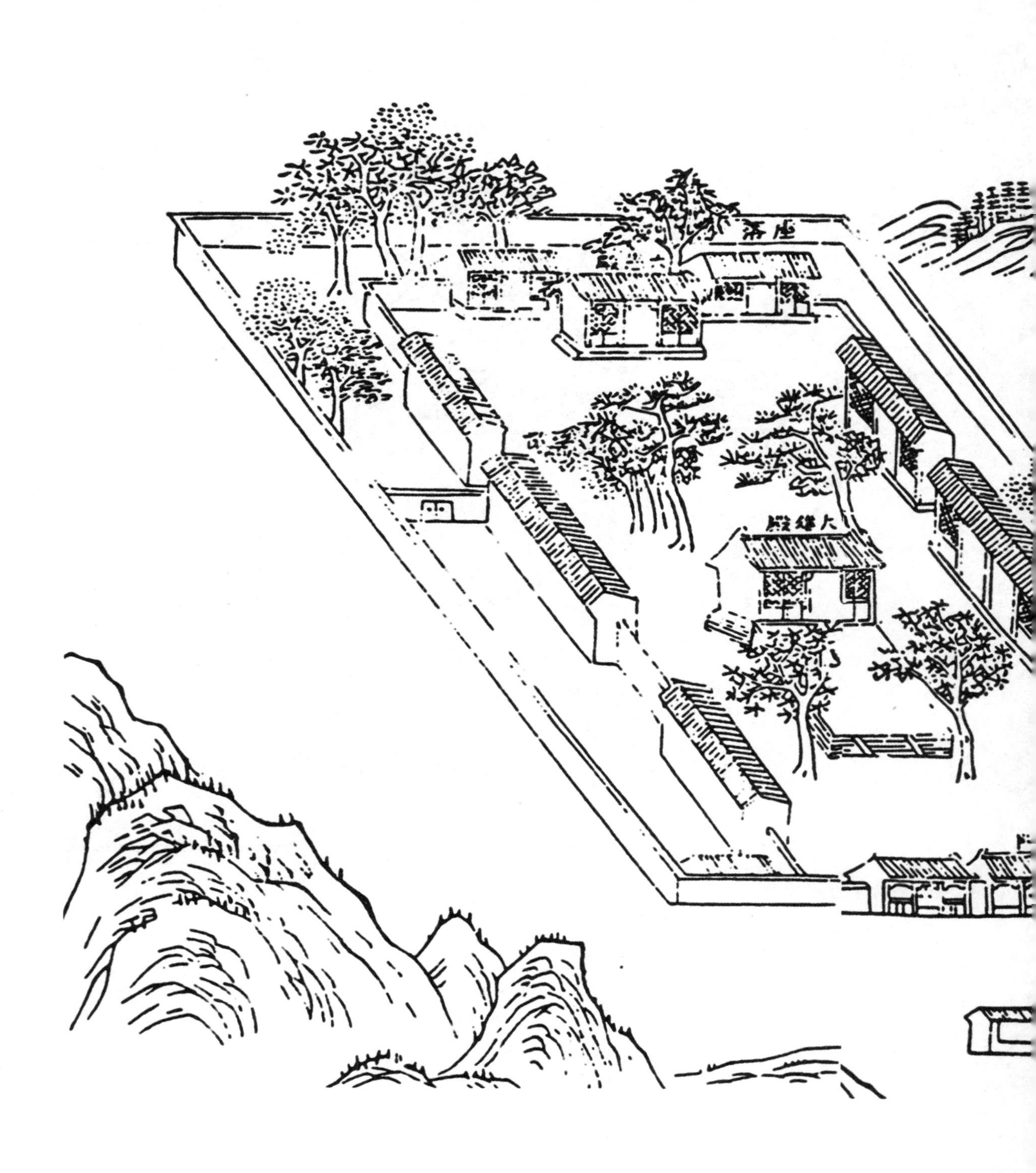

第十九节　招提寺图像

招提寺位于阜平县西、三箭山下，是清帝西巡途中的重要寺院之一。《西巡盛典》卷十三中有插图《招提寺》。图中寺院呈中轴对称布局。前方为山门殿，面阔三间，两侧各有一座耳房，均面阔三间。山门殿后为大雄宝殿，面阔五间，殿身建造在基座上。大雄宝殿之后为大慈殿，面阔三间，其后左右各有一座座落。寺院四周有内外两层围墙，形成内院和外侧通道。内院两侧各有三座配殿，相对而建，与山门殿、大雄宝殿、大慈殿构成合院格局。山门前有影壁，一侧有御碑亭和三开间入口牌坊（图18-19-1）。

第二十节　印石寺图像

印石寺位于阜平县西，靠近长城龙泉关。寺院始建于明代万历年间，原名益寿庵。乾隆、嘉庆西巡时均巡幸印石寺。[①]《西巡盛典》中有《印石寺》一图。图中，寺院分为前后三进院落。第一进院落前方为山门殿，两侧各有三座相对而建的配殿，其中右侧居中的配殿同时又是宫门。第二进院落主体建筑为大殿，面阔五间。大殿左侧有垂花门，左右两边各有一座配殿。第三进院落分为左中右三座院落。大殿之后为中路院，又以隔墙分为前后两进，后进院子的主体建筑为无量佛殿，殿高两层，攒尖顶。左路院子位于垂花门之后，主体建筑为两层高、面阔三间的座落。右路院子无建筑。建筑主要有悬山顶、卷棚悬山顶、卷棚硬山顶、攒尖顶四种类型（图18-20-1）。

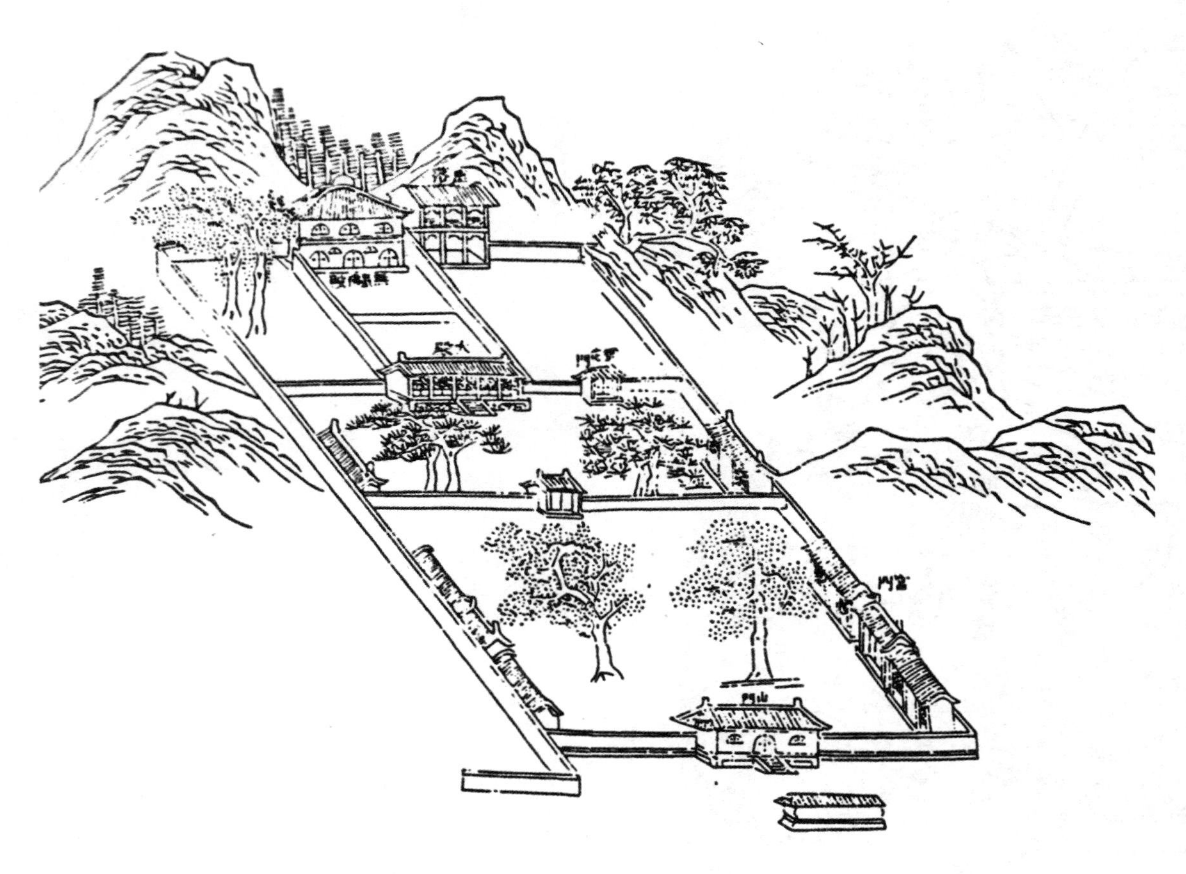

图 18-20-1
[清]《 西巡盛典 》——《 印石寺 》

① 《西巡盛典》卷十三。

第二十一节　涌泉寺图像

涌泉寺位于长城岭西、卢家庄东，因为有泉涌出，故名涌泉寺。康熙四十四年（1705）曾御赐额“法雨晴飞”，并御制碑文刻于石上。嘉庆西巡时曾驻跸于此。①《西巡盛典》卷十四中有《涌泉寺》一图。图中，寺院处于山岭环绕之中的台地上，建筑布局规整有序。前面空地上矗立一座三开间入口牌坊，牌坊后为横向流淌的溪涧，溪涧上架有两座平板石桥，溪涧左端的岸上建有一座六方攒尖御碑亭。

两桥各对一个入口。其中，寺院入口山门殿位于右侧桥口，殿两侧伸出隔墙，左右各开一座便门。山门殿后为第一进院落，院后为五开间的佛殿，殿前矗立有两座旗杆，院两侧各有配殿。佛殿后第二进院落分为左、中、右三路。左路狭长，前后再划分为两进院落，主建筑位于后院。中路为主院，其中建有三开间大殿，殿后有后院。右路分为前后两院，前院内建有三开间殿宇，后院面积较大，形态呈方形，四周以廊庑围合。

左侧桥口对应的为座落入口。座落为休憩之处，前后两进院落呈合院布局。第一进两侧各有相对而建的配殿。第二进四周廊庑围合，主建筑座落面阔三间。建筑群后方的山地上建有两座亭子。左侧的亭子为四方攒尖顶，右侧的为圆形亭。亭后是通向山上的山道，侧边沟壑内山涧流淌（图18-21-1）。

图 18-21-1
［清］《西巡盛典》——《涌泉寺》

---

①《西巡盛典》卷十三。

图 18-22-1
[清]《西巡盛典》
——《镇海寺》

第二十二节　镇海寺图像

镇海寺位于五台山台怀镇南的山坡上，始建于明初，清代改为黄庙，是五台山十大黄庙之一。康熙曾为此寺赐额“金光轮藏”，乾隆也曾赐额“金轮不住”，嘉庆西巡亦曾到访，为释迦殿赐额“宗乘海会”。[①]《西巡盛典》中有《镇海寺》一图。图中，寺院建筑处于山坡上人工垒砌的高台基上，坐西面东。入口牌坊位于画面右下角，牌坊后为山中溪涧，水流湍急，山道两边植物葱郁。溪涧上架设有石拱桥，过桥即为山门。山门即天王殿，面阔三间，硬山顶，两侧伸出围墙，两边各有一座便门。山门殿后第一进院子，两边院角各有一座重檐钟鼓楼。第二进院子为主院，院中央为大雄宝殿，面阔三间，单檐硬山顶。其后为观音殿，面阔五间。主院两侧各有三座配殿。主院南侧有两座小方院，拐角相接。紧靠主院的为永乐院，又称为塔院。院中央是三世章嘉国师塔，[②]覆钵式砖砌塔身。院北为廊屋，院西建有一座五开间的藏经阁，又称为祖师殿。[③]另一座方院以廊庑围合，廊庑四周各有一座建筑，主建筑为座落。两座方院外围为石砌平台，台边缘呈弧形。台基下石壁嶙峋，植被丰富，两石之间有清泉流下（图18-22-1）。

---

①《西巡盛典》卷十五。

② 三世章嘉胡图克图（1717—1786），甘肃人，是黄教发展历史上的重要人物。从乾隆十五年至五十一年，三世章嘉常住镇海寺普乐院静修。乾隆五十一年（1786）圆寂，建塔于镇海寺。见崔正森：《镇海寺佛教简史》，五台山研究：2003年第4期，第5—14页。

③ 周祝英：《镇海寺的建筑与彩塑艺术》，五台山研究：2003年第4期，第15—22页。

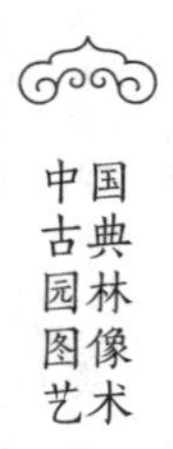

图 18-23-1
[清]《西巡盛典》
——《殊像寺》

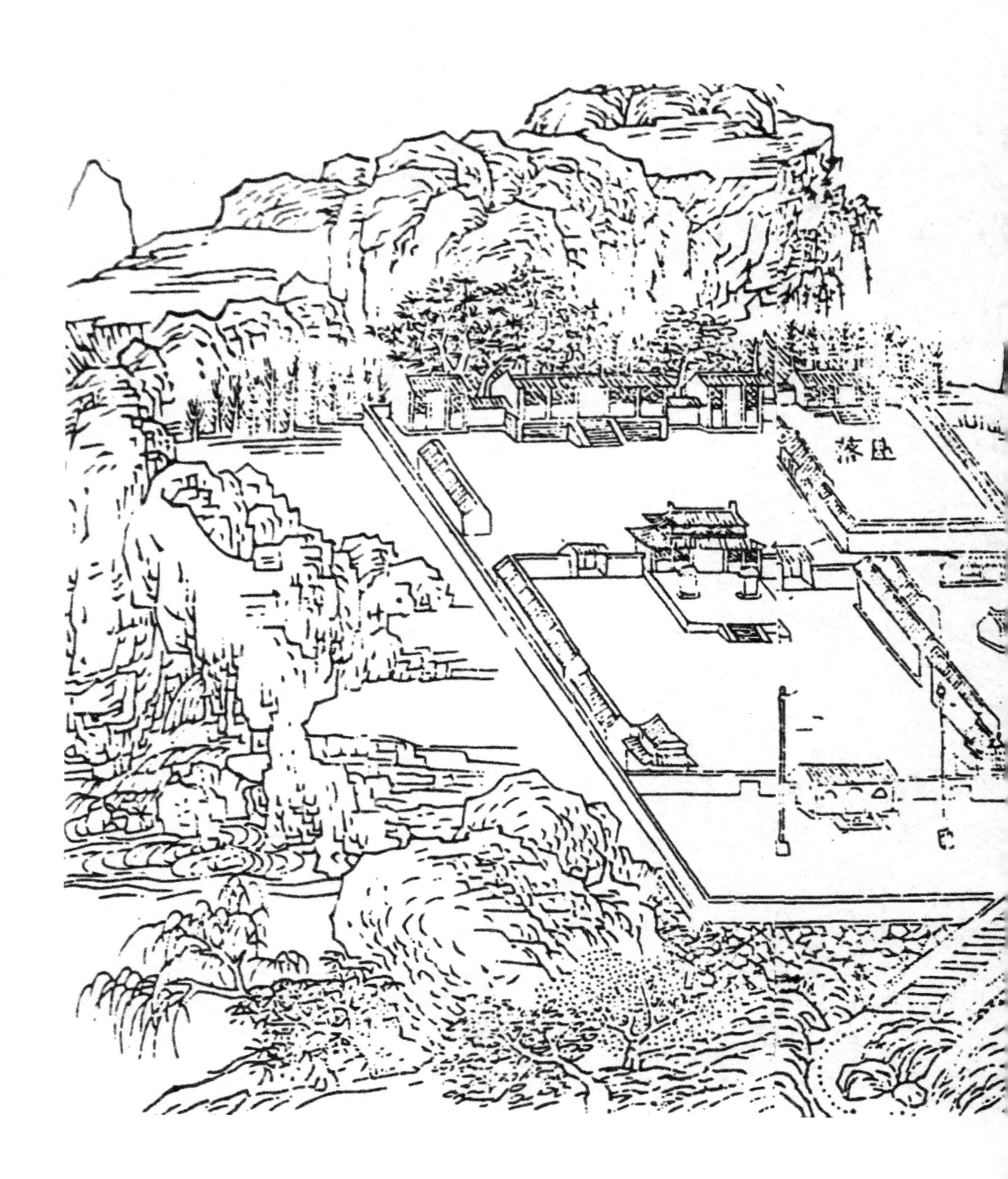

第二十三节　殊像寺图像

殊像寺位于山西五台山台怀镇西南，凤林谷口北侧，面对梵仙山，寺内供奉文殊菩萨，造像精绝。寺原名殊祥寺，始建于五胡十六国时期，历代多次重建。明代弘治年间，镇海寺铁林果禅师重建寺内大殿，并塑造了“文殊菩萨会五百罗汉”彩塑，万历年间，再次重修大殿及其他建筑，寺院焕然一新，更名为殊像寺，列为五台山文殊祖庭与五大禅寺之一。康熙、乾隆年间重修，康熙赐额“瑞相天严”，乾隆赐额“大圜镜智”“现清净身”，并在香山仿其营造了宝相寺。[①]嘉庆西巡至此，赐文殊殿额“人天胜果”。[②]

《西巡盛典》中有《殊像寺》插图。图中，寺院坐北朝南，依山而建。寺院建筑群处于坡中的台基上，背部山崖耸立，侧面石壁嶙峋，一股清泉自石间涌出，汇成深潭。入口牌坊位于图像右下角，过牌坊后转过山坡，可至登台的台阶。上台阶后为长方形的平台，台正中为山门。山门即天王殿，面阔三间，内供弥勒佛、韦驮与四大天王。殿前矗立两座旗杆，东南方向突出高台，其上建有一座六边重檐攒尖亭。天王殿后的方院为寺院第一进院。院后月台上矗立着文殊殿。文殊殿为殊像寺的中心大殿，面阔五间，重檐歇山顶。殿前月台上矗立两座石碑，殿内有著名的文殊骑狻猊像、五百罗汉悬塑像。山门殿与文殊殿两侧有钟楼、鼓楼、祖师殿、伽蓝殿，相对而建。文殊殿后为第二进院，院后建有藏经阁。藏经阁建于高台基上，面阔五间，硬山顶。阁两边各有一座三开间殿宇。两侧墙边矗立有客堂等建筑。[③]

寺院东部有一长条形的跨院，亦分为前后两进。第一进院子中轴线上自南向北建有五栋屋宇，第二进院子入口在西侧，院后为面阔五间的座落（图18-23-1）。

---

① 竺颖：《殊像寺佛教简史》，五台山研究：1996年第3期，第3—7页。
② 《西巡盛典》卷十五。
③ 高明和：《殊像寺建筑与塑像概述》，五台山研究：1996年第3期，第35—40页。

第二十四节　大文殊寺图像

菩萨顶大文殊寺位于五台山中台灵鹫峰上。寺院始建于唐代，由法云大师创建，原名真容院。康熙年间重修寺院，殿顶覆盖以黄色琉璃瓦，送镀金观音普贤菩萨与狮象雕像，并赐额“十刹圜光”“五峰化宇”“珠林花雨”“云峰胜境”。乾隆年间重修寺院，赐额“心印毗昙”“人天尊胜”。[①]《西巡盛典》有《菩萨顶》一图。图中，大文殊寺位于山顶平台上，四周峭壁直下，台上可俯瞰群峰。寺院呈中轴对称布局。山门殿位于台阶入口处，殿有五门，五个屋顶中间高、两侧低。殿前台阶下矗立有三开间牌坊，牌坊前台阶下有影壁，两侧各立有旗杆。寺院主要殿宇沿中轴线排列。两侧有配殿，相向而建。配殿之后两边各有一座跨院（图18-24-1）。

图 18-24-1
[清]《西巡盛典》——《菩萨顶》

① 《西巡盛典》卷十五。

第二十五节　黛螺顶图像

黛螺顶，原名青峰，后改为大螺顶、黛螺顶，是灵鹫峰东的一座寺院。唐代在此建有庙宇，原名佛顶庵，唐僧释法念曾在此修行。乾隆年间重修寺院。嘉庆西巡至此，赐额"妙观察智"。《西巡盛典》中有《大螺顶》一图。图中，峰顶突兀空荡，四周云雾缥缈，山壁直下，沟壑纵横，植被苍郁。峰顶为一平台，四周墙壁围合，主要殿宇居中排列，呈中轴对称布局。寺院坐东朝西，入口台阶位于图像下方，台阶入口处矗立有三开间牌楼，牌楼后为山门殿。山门殿开三门洞，又称为天王殿，殿内供奉弥陀、韦驮和四大天王雕像。山门殿后为旃檀殿。图中，旃檀殿外观为两层，平面呈六边形，重檐攒尖顶。殿内实为一层，供奉旃檀佛像。旃檀殿后为五方文殊殿，面阔三间，硬山顶，殿内供奉五台山五座台顶的五种文殊法像。其后为大雄宝殿，面阔五间，硬山顶。[①]主要殿宇两侧配置有配殿，相向而建，南侧有小长方形跨院，院内为座落（图18-25-1）。

图 18-25-1
[清]《西巡盛典》——《大螺顶》

① 玉卿：《黛螺顶佛教史》，五台山研究：2008 年第 2 期，第 48—51 页。

第二十六节　金刚窟般若寺图像

金刚窟位于五台山楼观谷右崖，在初唐时期就已经成为佛教的灵迹之地。据传迦叶佛灭后，文殊师利将银箜篌、金纸银书的律藏、银纸金书的经藏运往清凉山金刚窟内。由于此窟藏有三世诸佛供养之器，被称为“万圣之密宅”。[①]《西巡盛典》中有《金刚窟》插图。图中，金刚窟四周群峰环绕，环境幽胜，窟口秘不可寻。图中央的台地上矗立有般若寺。寺院始建于明代，康熙曾为此寺赐额“雁堂”，乾隆赐额“妙音如意”。[②]般若寺右侧临崖，左侧为山涧，寺院入口位于图像右下方。入口通道狭长，一侧为溪涧，另一侧为沟壑，道上矗立有三开间牌坊。过牌坊后方向稍向右转，可见山门殿。山门殿为硬山顶，开一门洞，前方以围墙围合成方院，方院开一入口，正对影壁，鹰鼻两侧各立有一旗杆。山门殿后又两个台层，其间有台阶。第一台层左边有小院，院内矗立一座高三层、三重檐楼阁。第二台层轴线上有前后两栋殿宇。前面一栋面阔三间，硬山顶。后一栋面阔五间，高两层，三重檐歇山顶。两侧围墙内有相向而建的配殿、配房（图18-26-1）。

图 18-26-1
［清］《西巡盛典》——《金刚窟》

① 斑斓：《五台山金刚窟》，五台山研究：2012 年第 2 期，第 61—64 页。
②《西巡盛典》卷十五。

第二十七节　普乐院图像

普乐院位于楼观谷山脚下、金刚窟西侧，是章嘉胡图克图的静修之地。乾隆曾在此赐额“三乘普证”“静舍”“法界恒春”，并御赐普乐院寺名。嘉庆西巡至此，赐额“万缘善果”。[①]《西巡盛典》中的《普乐院》一图中，寺院处于谷中的台地上，四周山岭逶迤，植被苍郁，寺前方与右侧溪涧横流，入口道路在山石间曲折而行。溪涧上架有拱形桥梁，桥中央矗立有三开间牌坊，桥后道路折了个大弯，通向寺院山门。山门殿位于台阶上，前方有影壁，殿后两侧有钟楼、鼓楼。主体建筑分布于两个台层上，形成前后三进院落。第一进院院内空旷，院后主要殿宇面阔三间，立于高台基上。第二进院主建筑面阔三间，两侧伸出隔墙，两边各建有一座便门。第三进院主建筑面阔三间，两侧有耳房。主建筑均位于轴线上，两侧有配殿、配房相向而建。院子右侧有跨院，亦分为前后两进。第二进主建筑为座落，面阔七间。座落右侧有小跨院，其后方有后院，围墙呈环形围绕整个寺院的后侧（图18-27-1）。

图 18-27-1
[清]《西巡盛典》——《普乐院》

① 《西巡盛典》卷十五。

图 18-28-1
[清]《 西巡盛典 》
——《 罗睺寺 》

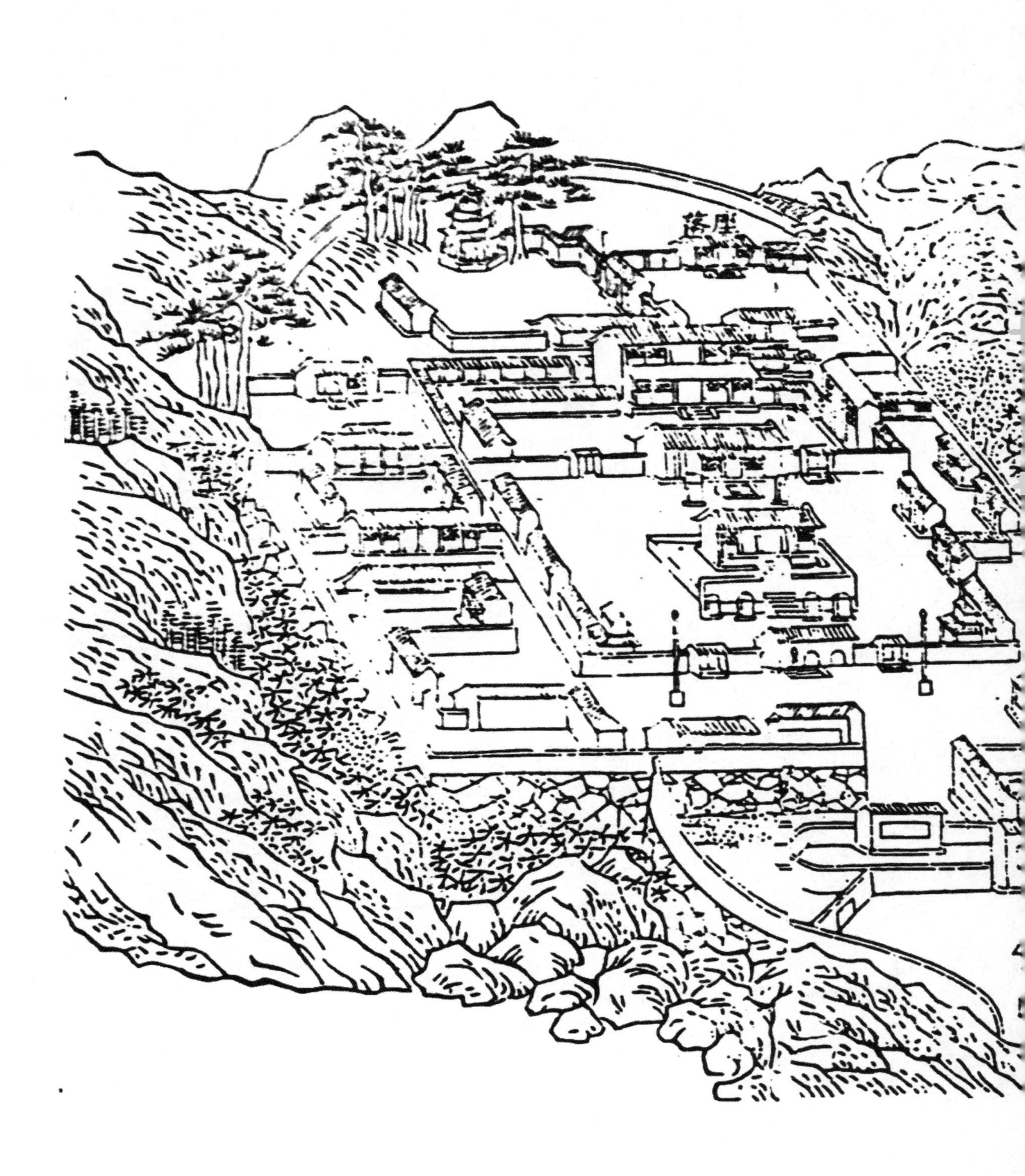

第二十八节　罗睺寺图像

罗睺寺位于五台山台怀镇中心区、塔院寺东北，始建于唐代，历代多次重修。唐代罗睺寺是大华严寺十二院之一，称为善住阁院。明代之前罗睺寺一直是青庙，清代康熙四十四年（1705）年改为黄庙，称为藏传佛教寺院。[①]康熙曾赐额“八正门”，乾隆赐额“慧灯净照”“悟色香空”“意蕊心香”。[②]《西巡盛典》中有《罗睺寺》插图。图中，寺院坐北朝南，处于山中的台基上，两侧崖壁嶙峋，沟壑纵横，溪涧湍急。寺院总体布局为多进院落式，主要殿宇布置在中轴线上。入口有三开间牌楼、影壁，影壁有四座，入口通道在影壁中迂回而行。山门殿开三个门洞，两侧围墙开有便门，入内为第一进院落。第一进院为方形大院，院中央台基上的殿宇为文殊殿，面阔五间，悬山顶，四周墙壁围合呈院中院，台阶两侧分置数座石碑。院北的殿宇为大雄宝殿，面阔五间，悬山顶，两侧分置有石碑。院东西各有配殿数座，东南角有钟楼，西南角有鼓楼。大雄宝殿后为第二进院落，院后主殿为大藏经阁。[③]阁高两层，面阔五间，卷棚悬山顶。东西两侧墙边各有一座三开间配楼。大藏经阁院后以廊庑围合，形成东西两座后院。东后院主建筑为三开间的座落，两侧伸出廊庑。西后院建有一座阁楼，平面六边形，三重檐，攒尖顶。阁楼靠近松林和坡地，一侧有廊庑与东后院相通。主院西侧有一路跨院，分为前后三进。中间一进为跨院的主体，呈四合院布局，以四座殿宇围合中心院子（图18-28-1）。

① 肖雨:《罗睺寺佛教史略》，五台山研究: 1998年第1期，第6—13页。
②《西巡盛典》卷十五。
③ 高明和：《罗睺寺建筑与塑像概述》，五台山研究：1998年第1期，第23—28页。

第二十九节　显通寺图像

罗摩胜法兰西来至此，见山形似天竺灵鹫，故奏明皇帝在此建寺。魏文帝时期，在灵鹫峰置十二院。唐代此寺称为大华严寺，明代改为显通寺、永明寺，康熙年间改称为大显通寺。寺内有无梁殿，寺后有铜殿铜塔。康熙年间重修寺院，赐额"甘露津""绀园"，乾隆赐额"十地圜通""真如权应"，嘉庆御书文殊殿匾额"宝地珠林"。[①]《西巡盛典》中有《显通寺》一图。图中，显通寺基本呈中轴对称布局。入口牌楼位于图像右下角，四柱三间形制，中间高两边底。过牌楼后沿着虚线向左可至钟楼。钟楼高两层，外观三重檐，顶部为十字脊歇山顶，一层中间为石券洞，二层为木构，楼内悬吊有铸造于明代万历年间的大铜钟。

钟楼不远处即为显通寺山门。山门面阔三间，硬山顶。与一般寺院山门位于中轴线上不同，此山门位于寺院的东南角。入山门后为围墙和殿宇围合的空地，直行则为东院，向右则为正院。正院的门殿座西朝东，与山门呈垂直角度。门殿面阔三间，前后出廊，殿前立有两座旗杆。入正院后，寺内主要殿宇位于院内南北向中轴线上。最南端殿宇为观音殿，图中殿身被围墙所遮挡，仅露出部分殿顶，两侧分别有一栋配殿和一栋重檐两层高的小楼。观音殿以北为文殊殿，殿内供奉文殊菩萨塑像。文殊殿面阔五间，硬山顶，殿前左右各有一座碑亭，均为六边形攒尖顶。文殊殿北侧为大雄宝殿，殿顶为硬山顶，前出抱厦三间，殿内供奉释迦牟尼像。大雄宝殿以北为无梁殿，又名七处九会殿，是一座砖砌殿宇。该殿面阔七间，硬山顶，殿高两层，每层正面有七个阁洞。无梁殿以北为千钵文殊殿，面阔三间，硬山顶，供奉千钵文殊塑像。千钵文殊殿以北为高台，台上的殿宇为铜殿。铜殿铸造于明代万历年间，高两层，重檐顶，最上面的殿顶为十字脊歇山顶，殿内供奉铜铸文殊像。铜殿两侧各有一座两层高重檐歇山顶的楼阁，殿前矗立有五座铜塔。铜殿以北为后高殿，又称为藏经殿，高两层，面阔五间，硬山顶。殿两侧各有一座三开间的配楼。主院两侧排列有僧房，面向中轴线对称布置。[②]

东院前后两进院落。第一进院中央为一座砖塔，塔高五层，密檐楼阁式，正面每层刻有三个阁洞。塔前有面阔五间的前殿，塔后有一门洞，入内为第二进院。院后高台上为面阔三间的座落，院两侧有配房，围合中央院子（图18-29-1）。

---

①《西巡盛典》卷十五。

②黄钟：《著名古刹显通寺》。五台山研究：1985年第1期，第45—48页。

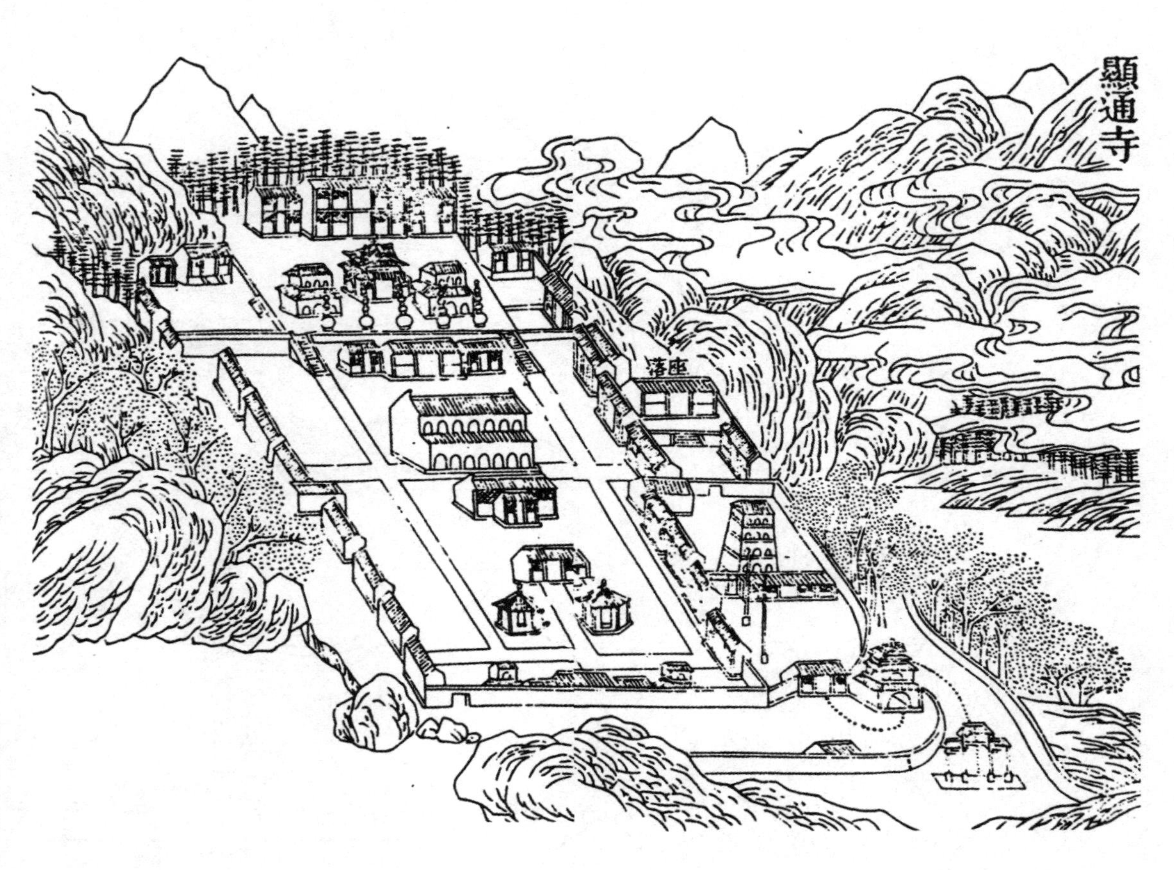

图 18-29-1
[清]《西巡盛典》——《显通寺》

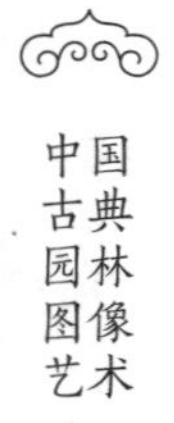

图 18-30-1
[清]《 西巡盛典 》
——《 塔院寺 》

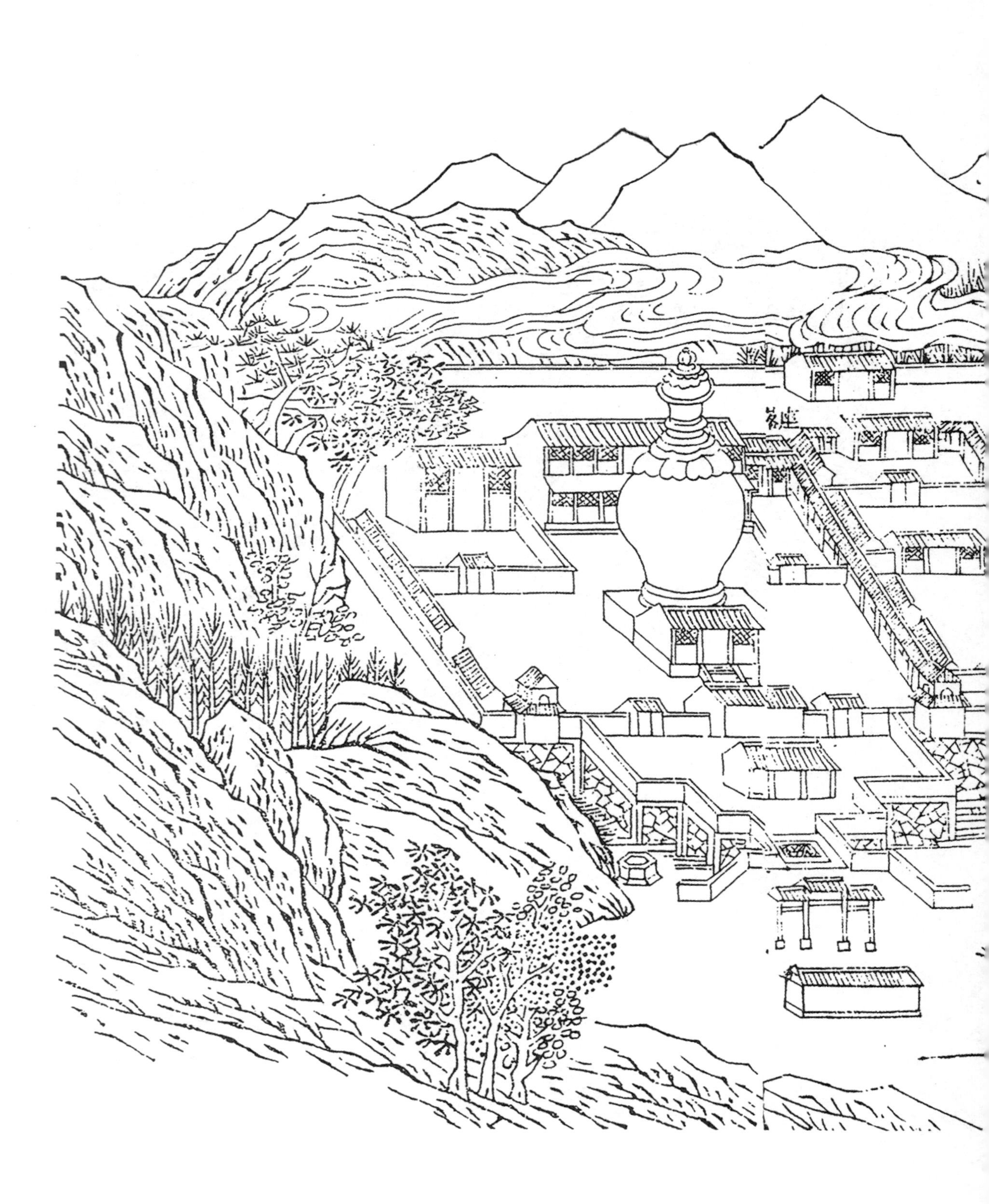

第三十节　塔院寺图像

塔院寺位于灵鹫峰下显通寺南侧，原为显通寺的塔院部分，明代永乐年间明成祖应哈立麻[①]活佛之意，修葺舍利塔，将该塔院独立出来，称为塔院寺。塔院寺成为哈立麻活佛的祖庙，也是五台山五大禅处于十大青庙之一。寺内除了舍利塔外，还有文殊发塔。康熙曾赐额“揽妙鬘云”，嘉庆御书匾额“尊胜法幢”。[②]

《西巡盛典》中有《塔院寺》插图。图中，寺院建筑围绕大白塔而建，形成回字形布局，主要殿宇位于中轴线上。入口牌楼为四柱三间样式，牌楼前有影壁，后为台阶。山门建于台阶上的平台上，面阔三间，硬山顶。山门以北为天王殿，两侧围墙中各开有一座便门，便门两边的角隅处各有一座钟鼓楼。天王殿北的大慈延寿宝殿，是为祝愿万历皇帝之母李太后延年益寿而建。图中该殿宇面阔三间，硬山顶，殿内供奉释迦牟尼与比丘像。大慈延寿宝殿后矗立一座巨大的白塔。大白塔建于元代大德五年（1301），由尼泊尔匠师阿尼哥[③]主持建造。白塔立于方形塔基上，塔基上位两层束腰须弥座，塔身如覆钵，青砖砌筑，外抹石灰。上部为十三层相轮，相轮上为宝盖、铜刹。塔腹内有两层八角佛舍利塔，据传为万善寺寺尼妙胜奉武则天诏令而建。[④]大白塔后为藏经楼，楼高两层，面阔七间，硬山顶，楼内有明代憨山大师所制的转轮藏。[⑤]藏经楼两侧各有一座三开间配楼，楼前有隔墙，围合成方院。

塔院东侧，另有一路建筑，前后三进院落。第一进院落东侧有文殊发塔，亦为覆钵式塔，体量略小。二进、三进院落由廊庑、殿宇围合，殿宇为座落，基本为三开间、硬山顶式样。东院外侧另有两层高的长屋，南北均接围墙。寺院东南角矗立有一座楼阁式塔，高五层，正面每层开有三个阁洞，侧面每层一个阁洞（图18-30-1）。

---

① 哈立麻（1384—1415），本名得银协巴，法名却贝桑波，是西藏葛举派葛玛葛举黑帽系的第五世活佛。见萧宇：《塔院寺佛教简史》，五台山研究：1996年第4期，第3—6页。
② 《西巡盛典》卷十五。
③ 阿尼哥（1245—1306），字西轩，尼泊尔人，擅长铸像，曾铸造北京西苑护国仁王寺凌空玉塔、北京妙应寺白塔和五台山大白塔。
④ 正森：《五台山塔院寺大白塔》，五台山研究：1987年第1期，第27—29页。
⑤ 高明和：《塔院寺建筑与塑像概述》，五台山研究：1996年第4期，第10—16页。

第三十一节 玉花池图像

玉花池位于五台山中台南麓，西靠罗汉坪，古名万寿寺、玉花寺。寺北有池塘，隋朝曾有五百僧人来此地，池生白莲，坚硬如玉，故名玉花池。[①]《西巡盛典》中有《玉花池》一图。图中，寺院左侧为溪涧，水边山壁陡峭，建有一座六边形攒尖亭和两座屋宇。背后与右侧为起伏的山丘，山谷内外植被葱郁。寺院主体为一座大方院，院前方为山门殿，开一门洞，两侧各有一座便门。便门两侧的院角隅有钟楼与鼓楼。院中央为中殿，面阔三间。院后方的正殿是寺内最主要的殿宇。正殿高两层，面阔五间，硬山顶。殿内供奉罗汉塑像，故称为罗汉殿。[②]山门、中殿和罗汉殿位于中轴线上，院两侧有僧房、殿宇对称布置。罗汉殿后为座落，面阔三间，形成后院。图中，大方院右侧有一座长条形的跨院，左前方有小方院（图18-31-1）。

图 18-31-1
[清]《西巡盛典》——《玉花池》

① 《西巡盛典》卷十五。
② 魏国祚：《玉花池》，五台山研究：1989 年第 2 期，第 20 页。

第三十二节　寿宁寺图像

寿宁寺位于五台山中台南侧，唐代僧人法照在此建寺。康熙赐额“白毫光现”，乾隆赐额“善超诸有”，嘉庆御书殿额“圆成方广”。《西巡盛典》中有《寿宁寺》一图。①图中，寺院位于平缓的山坡上，前后呈三进院落。入口牌楼位于图像左下角的山道口，过牌楼后向左转，可至寺院入口。山门殿面阔三间，向两侧伸出围墙，两边墙内各开有一个便门。山门殿前面沿轴线有三座屋宇，均为硬山顶，面阔三间，中间建筑面宽略窄，前面一栋建筑两侧有方亭和小屋。轴线两边分别立有一个旗杆。旗杆后有一座面向中轴线的屋宇，屋后有弧形墙。另一道弧形墙将前面两座建筑物和亭子围合起来，形成一个较为独立、半开放的院落。

山门殿后为第一进院，空间最大。院子中央有一座六方攒尖亭，立于六边形台基上，院后有一座面阔三间的殿宇，院子两边分别有两座配房，鼓楼、钟楼立于山门殿两边的角隅。第二进院正殿面阔五间，两边各有一座配房。第三进院子分为左右两座院，右侧院子稍小，内有座落、廊庑。左边院子较大，植被也较多（图18-32-1）。

图 18-32-1
[清]《西巡盛典》——《寿宁寺》

① 《西巡盛典》卷十五。

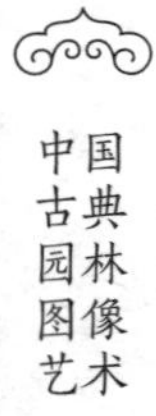

图 18-33-1
[清]《西巡盛典》
——《崇因寺》

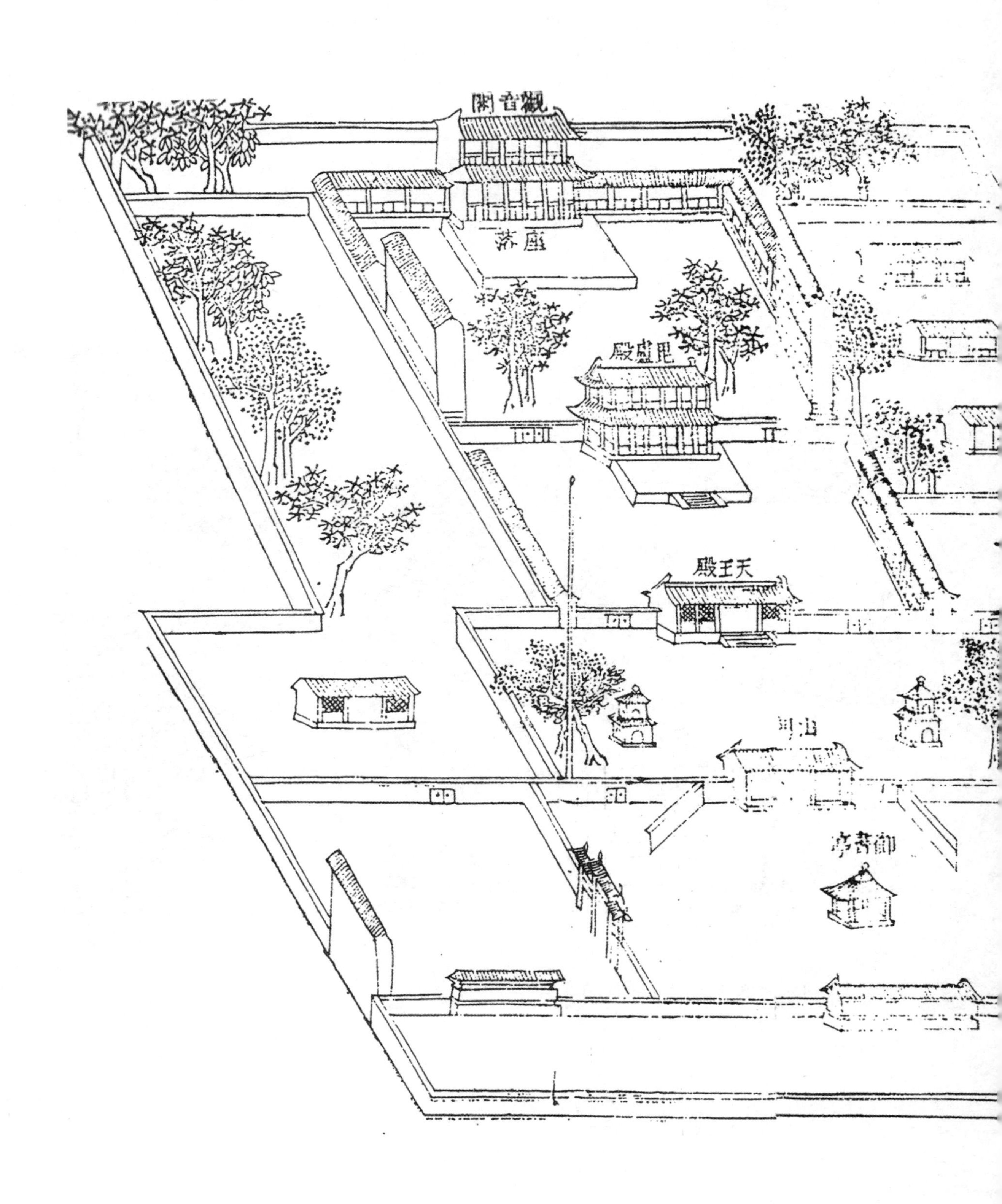

第三十三节　崇因寺图像

崇因寺位于河北正定县城北，建于明代万历年间。此地原有寺庙，年久失修。因为万历皇帝圣母李太后崇佛，故重修寺院，赐名“护国崇因寺”。乾隆西巡三次经过此寺，留下碑文。嘉庆西巡驻跸于此，御题毗卢殿匾额“十方普乐”。[①]

《西巡盛典》中有《崇因寺》一图。图中，寺院建筑按照三路多进格局配置。中路建筑包括山门殿、天王殿、毗卢殿和观音阁。山门殿面阔三间，两边伸出八字墙，山门对面为御书亭，呈四柱攒尖式样，亭子左右各有一座四柱三间牌楼，牌楼两侧各有一座影壁。影壁、牌楼、御书亭呈直线排列。山门殿后面是第一进院，院内右左植有巨木，树下有钟鼓楼，钟楼内悬挂有明代万历四十三年（1615）御马监铸造的铜钟。院后为天王殿，面阔五间，殿后为第二进院。第二进院左右略窄，但进深增大。院内主建筑为毗卢殿。毗卢殿平面为方形，高两层，面阔五间，重檐歇山顶，是寺内最为恢宏壮丽的大殿。殿内有铜铸千佛墩，供奉有万历皇帝与其圣母御制的毗卢佛。[②]毗卢殿后为第三进院，主建筑为院后部的观音阁。观音阁高两层，面阔五间，前面出廊，硬山顶。观音阁一层两侧与廊庑相连，可至院两侧的配房。

右路前后两进院落，第一进院无建筑，仅有两座影壁。第二进院呈曲尺状，院子前部有一座三开间的殿宇，后部种植有一排树木。左路前后两进院落。第一进院中有殿宇一座，第二进院前后有三栋殿宇，均面阔三间（图18-33-1）。

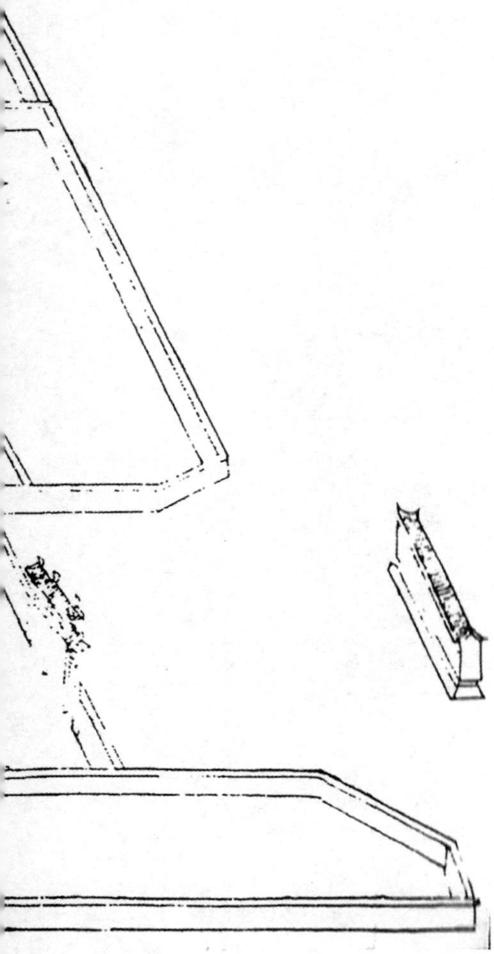

---

① 《西巡盛典》卷十六。
② 于平兰，魏鹏：《正定八大寺院之一——崇因寺探考》，文物春秋：2004 年第 1 期，第 54—59 页。

第三十四节　大慈阁图像

大慈阁位于保定城，元朝张柔始建，阁内供奉观音塑像。嘉庆西巡时为大慈阁赐额“海藏法地”。[1]《西巡盛典》中有《大慈阁》一图。入口山门位于图像右下方，面阔三间，前出廊，硬山顶，两边墙内开有便门。山门后的院中左右立有钟楼、鼓楼。钟鼓楼后有高大的石砌台基，大慈阁矗立其上，台基四周环绕有石栏。图中大慈阁恢宏壮丽，阁高三层，面阔五间，三重檐歇山顶，前面出廊。石台后面为一座两卷棚顶建筑，其后为四柱三间牌楼门。石台侧边有两座长方形跨院，是以休憩为主要功能的区域。靠近大慈阁的跨院前有垂花门，后有座落，两侧以廊庑围合，并建有配房。另一跨院内种植有篁竹，院内有面阔五楹的堂宇，卷棚顶，前出廊，两侧各有一座配房。两跨院之间以夹道隔开（图18-34-1）。

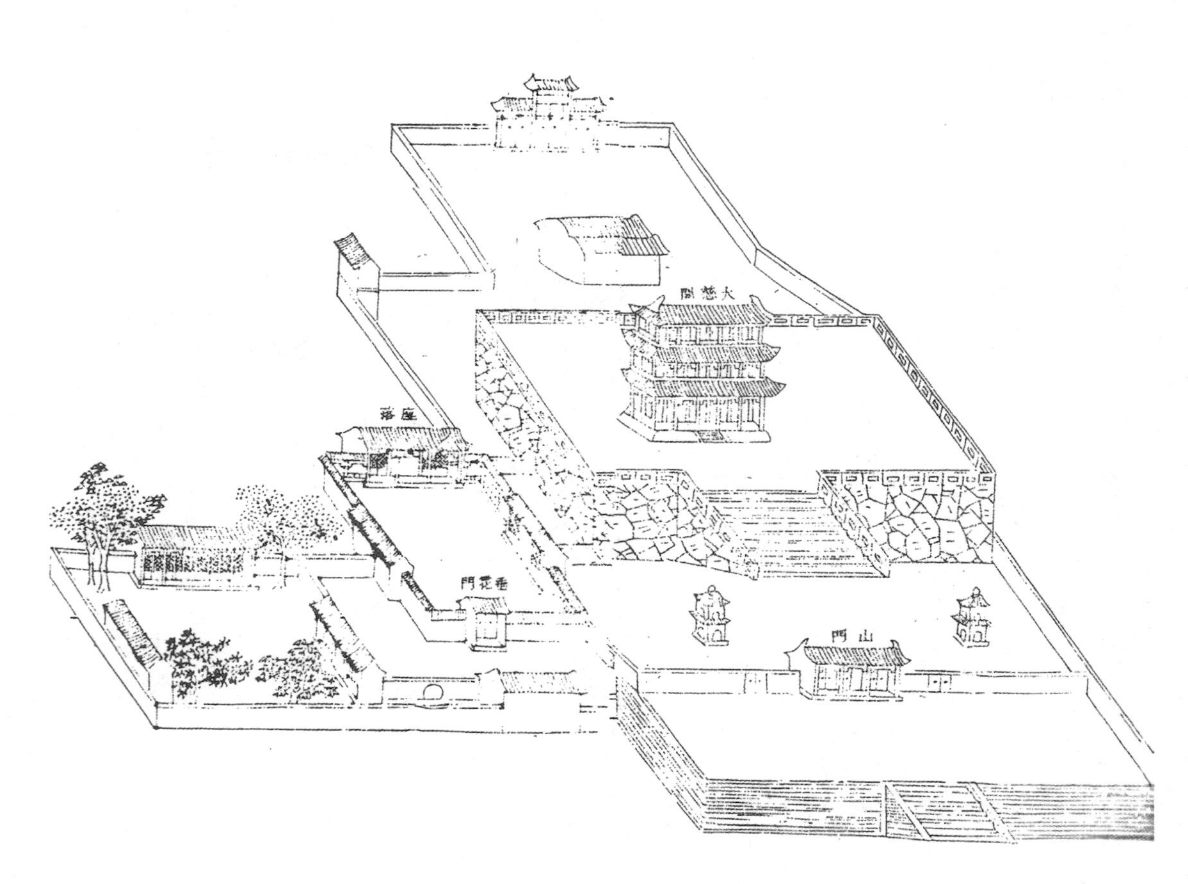

图 18-34-1
[清]《西巡盛典》——《大慈阁》

① 《西巡盛典》卷十六。

第三十五节　慈恩寺图像

慈恩寺位于唐都城长安南进昌坊，原为隋代无漏寺所在，武德年间荒废。贞观二十二年唐太宗为文德皇后而建。永徽年间，寺内仿西域窣堵坡建五层砖塔，长安年间毁，武则天下令重建为十层砖塔，名“大雁塔”。[①]《关中胜迹图志》中有《慈恩寺》一图。图中，慈恩寺位于河边的缓坡上，远处为西安府城城墙。山门为单拱门，两侧由钟鼓楼，入内殿宇分为前后数进。主殿为歇山顶或者重檐歇山顶，配屋均为悬山顶。大雁塔位于寺后，显示为七层楼阁式塔，每层四面均开拱洞（图18-35-1）。

图 18-35-1
［清］《关中胜迹图志》——《慈恩寺》

---

①《关中胜迹图志》卷七。

第三十六节　荐福寺图像

荐福寺位于唐代长安都城永宁门外开化坊，原为襄城公主第宅，唐文明元年（684）立寺，天授元年（690）改为荐福寺。寺内有小雁塔，高十五层，宋、元、明、清历代均修缮。[①]《关中胜迹图志》中有《荐福寺》一图。图中寺院格局清晰，前后分为三进院落。山门、佛殿位于中轴线上。第三进院中的殿宇建于高大的台基上，重檐歇山顶，形制规格最高，影视寺内的主殿。小雁塔位于寺院的后院内，塔基较高，为楼阁式塔。寺院四周均留白处理，显示周围环境人迹罕至，远处有护城河和西安府城的城墙（图18-36-1）。

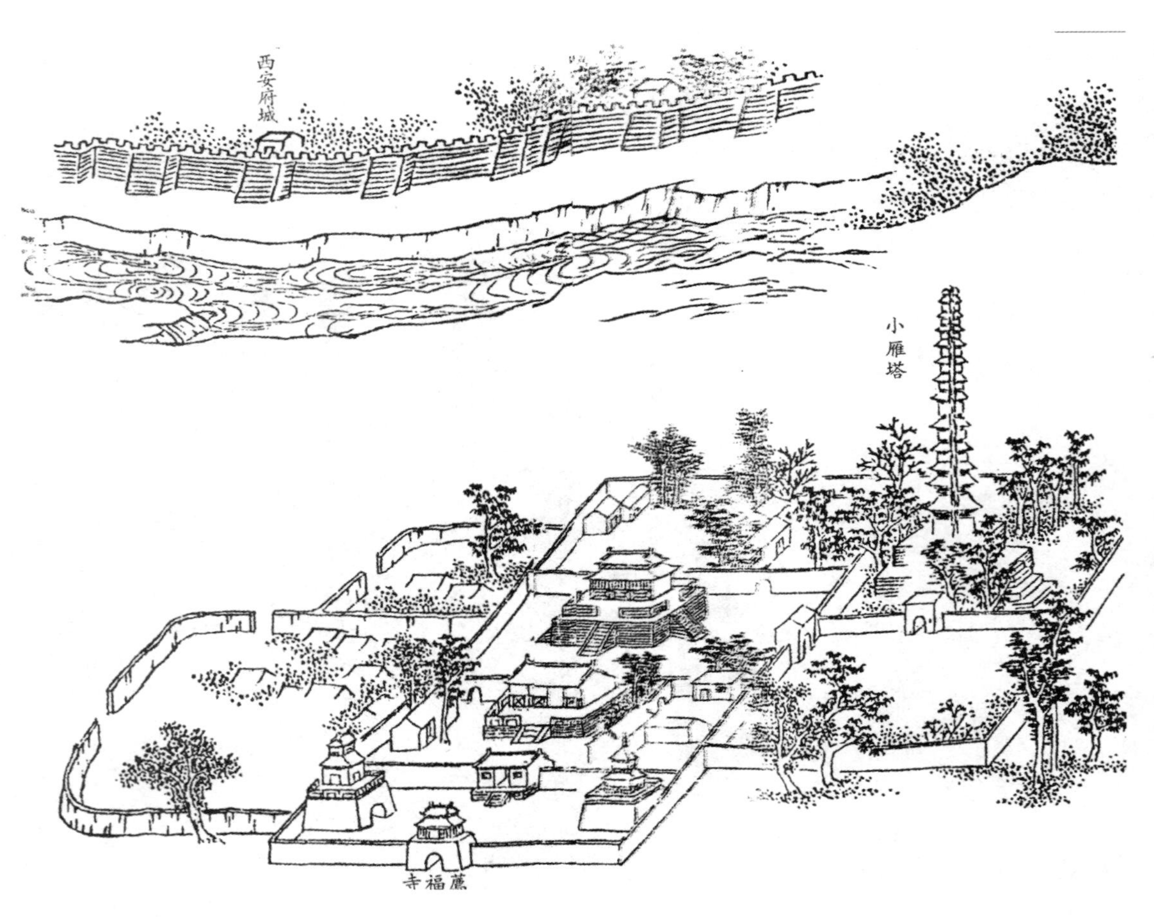

图 18-36-1
［清］《关中胜迹图志》——《荐福寺》

① 《关中胜迹图志》卷七。

第三十七节　永佑寺图像

永佑寺位于避暑山庄万树园北，建于乾隆十六年（1751），是皇帝在避暑山庄内居住期间拜佛进香和祈祷的寺庙。《钦定热河志》中有《永佑寺》一图。图中，寺院主要建筑位于中轴线上。山门面阔三楹，门外有四柱三间牌楼。门内前殿，又名住世慈缘殿，面阔五楹，殿内供奉弥陀佛。前殿北侧为宝轮殿，又名法云真际殿，面阔五楹，内供三世佛与八大菩萨。东配殿为妙觉殿，西配殿为慧昭殿。后殿又名身心平等殿，面阔五楹，东配殿为普惠殿，西配殿为广仁殿。后殿北为舍利塔，塔高九层，造型为楼阁式塔。东侧有跨院，院内主殿为能仁殿，又名无畏清凉殿（图18-37-1）。

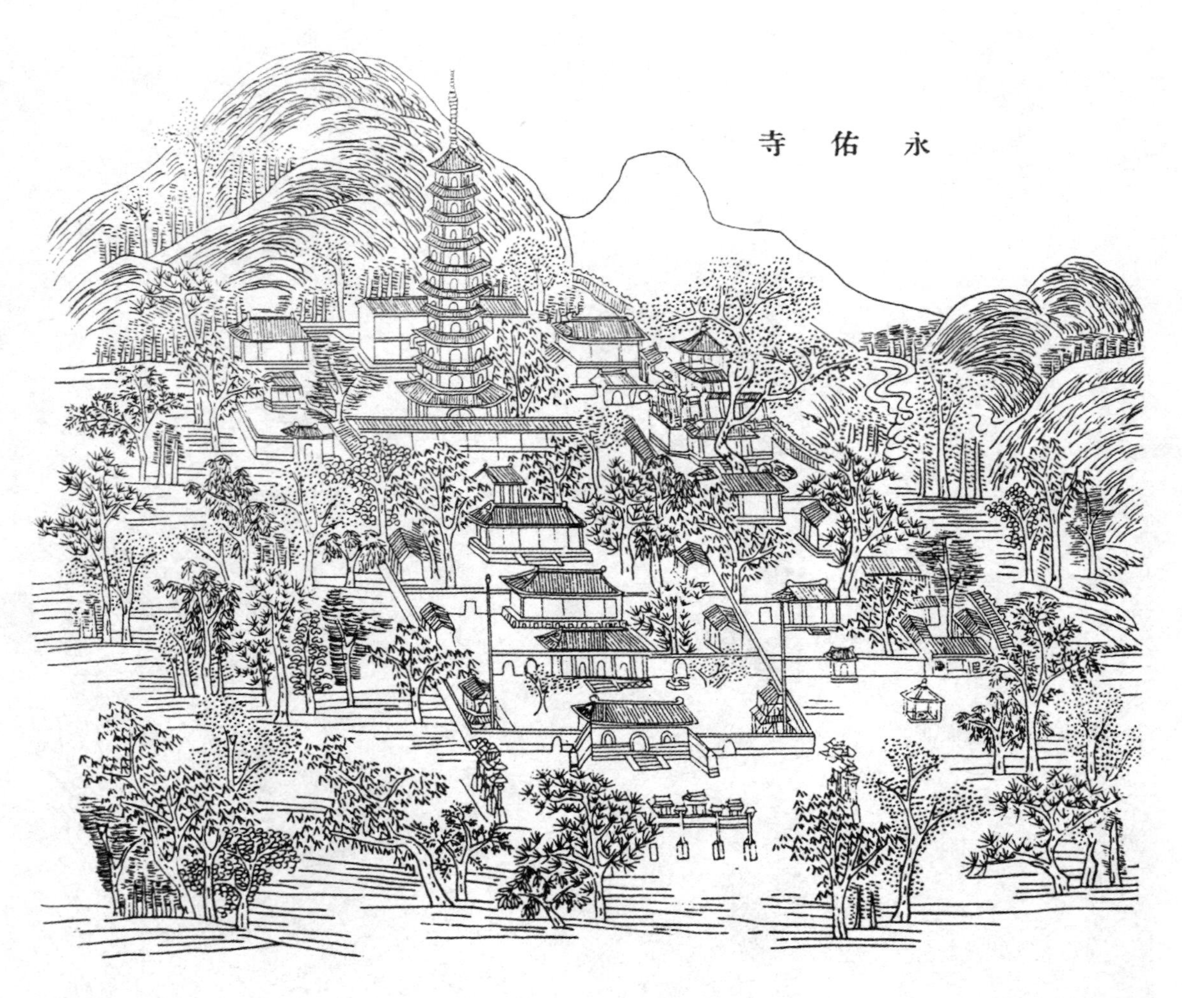

图 18-37-1
［清］《钦定热河志》——《永佑寺》

第三十八节　水月庵图像

水月庵位于避暑山庄松云峡中部南侧的台地上。《钦定热河志》中有《水月庵》一图。图中，山门朝东，门外有一座石坊，坊前有曲折的磴道通向沟外。庵内主殿面阔三楹，供奉水月大士。其后为山心精舍，可以向东透过诸峰空隙观赏磬锤峰，后院有磴道通往放鹤亭（图18-38-1）。

图 18-38-1
[清]《钦定热河志》——《水月庵》

第三十九节　鹫云寺图像

鹫云寺位于避暑山庄榛子峪内。《钦定热河志》中的《鹫云寺》插图中，寺院坐落于山坡上的台地中，坐西朝东，一侧为沟壑溪涧。寺内正殿名为福因殿，面阔三楹，供奉诸佛与菩萨。殿后为香界阁，高三层，平面六边形。阁两侧有配殿和两层高的福因殿（图18-39-1）。

图 18-39-1
[清]《钦定热河志》——《鹫云寺》

第四十节　珠源寺图像

珠源寺位于避暑山庄梨树峪口、水月精舍西南。《钦定热河志》中有木刻版画《珠源寺》插图。寺院坐西朝东，山门外有曲折的磴道通向石桥，桥头两端建有两座石坊。山门内有高台，从两侧磴道登台可至二山门。寺内前殿为天王殿，中央矗立一座两层高重檐顶的佛阁——宗镜阁。后殿称为大须弥山，建于高台上，外观两层重檐攒尖顶。殿后为高两层长十三楹的众香楼（图18-40-1）。

图 18-40-1
[清]《钦定热河志》——《珠源寺》

第四十一节　斗姥阁图像

斗姥阁是避暑山庄内的道观，位于松云峡北坡。《钦定热河志》中有《斗姥阁》一图。图中，斗姥阁规模较小，坐北朝南。正殿为慈荫天枢殿，面阔三楹，配殿为蓬山飞秀殿，均建于高筑的台基上（图18-41-1）。[①]

图 18-41-1
[清]《钦定热河志》——《斗姥阁》

① 《钦定热河志》卷七十八。

第四十二节　溥仁寺图像

溥仁寺位于避暑山庄东三里、武烈河东侧山地上，建于康熙五十二年（1713），是蒙古诸藩王为给康熙贺寿而建。《钦定热河志》中《溥仁寺》一图显示，寺院坐北朝南，为中轴多重院落格局。南端为山门殿，面阔三间，进深两间。山门后两侧有钟楼和鼓楼，其北为面阔三楹的天王殿。天王殿以北为正殿大雄宝殿，面阔七楹，门上悬挂康熙所题的匾额“慈云普荫”，殿内供奉三世佛。大雄宝殿以北为主殿宝相长新殿，面阔九楹，殿内供奉无量寿佛（图18-42-1）。

图 18-42-1
［清］《钦定热河志》——《溥仁寺》

第四十三节　溥善寺图像

溥善寺位于溥仁寺北，也是康熙五十二年蒙古诸王为恭祝康熙万寿而建。《钦定热河志》中的《溥善寺》一图中显示，寺院前后有三重院。山门内为天王殿。天王殿北为面阔五楹的前殿，两侧各有一座配殿。前殿以北为正殿，面阔七楹，左右配殿各三楹。正殿北有佛楼一座，面阔七楹（图18-43-1）。

图 18-43-1

［清］《钦定热河志》——《溥善寺》

第四十四节　普宁寺图像

普宁寺位于避暑山庄东北狮子沟，是乾隆二十二年（1757）平定准噶尔叛乱，四卫拉特部落前来山庄朝见之时下令敕建，按照西藏三摩耶庙的样式营造的。《钦定热河志》中有《普宁寺》插图。图中，寺庙为中轴对称布局，坐北朝南。山门外有三开间牌楼。山门以北为重檐碑亭，内有《普宁寺碑文》《平定准噶尔勒铭伊犁之碑》和《平定准噶尔后勒铭伊犁之碑》。碑亭后为天王殿，面阔五楹，单檐歇山顶，内供弥勒佛。天王殿北为正殿大雄宝殿，面阔七间，重檐歇山顶造型，石砌须弥台基围合石栏杆，内供三世佛。大雄宝殿前有东西配殿，均为单檐歇山顶。大雄宝殿后为大乘之阁，高三层，重檐攒尖顶，面阔进深均七楹，阁内为千手千眼菩萨木雕。阁东侧有精舍妙严室，面阔五楹，是临时休憩之处，西侧为讲经堂（图18-44-1）。

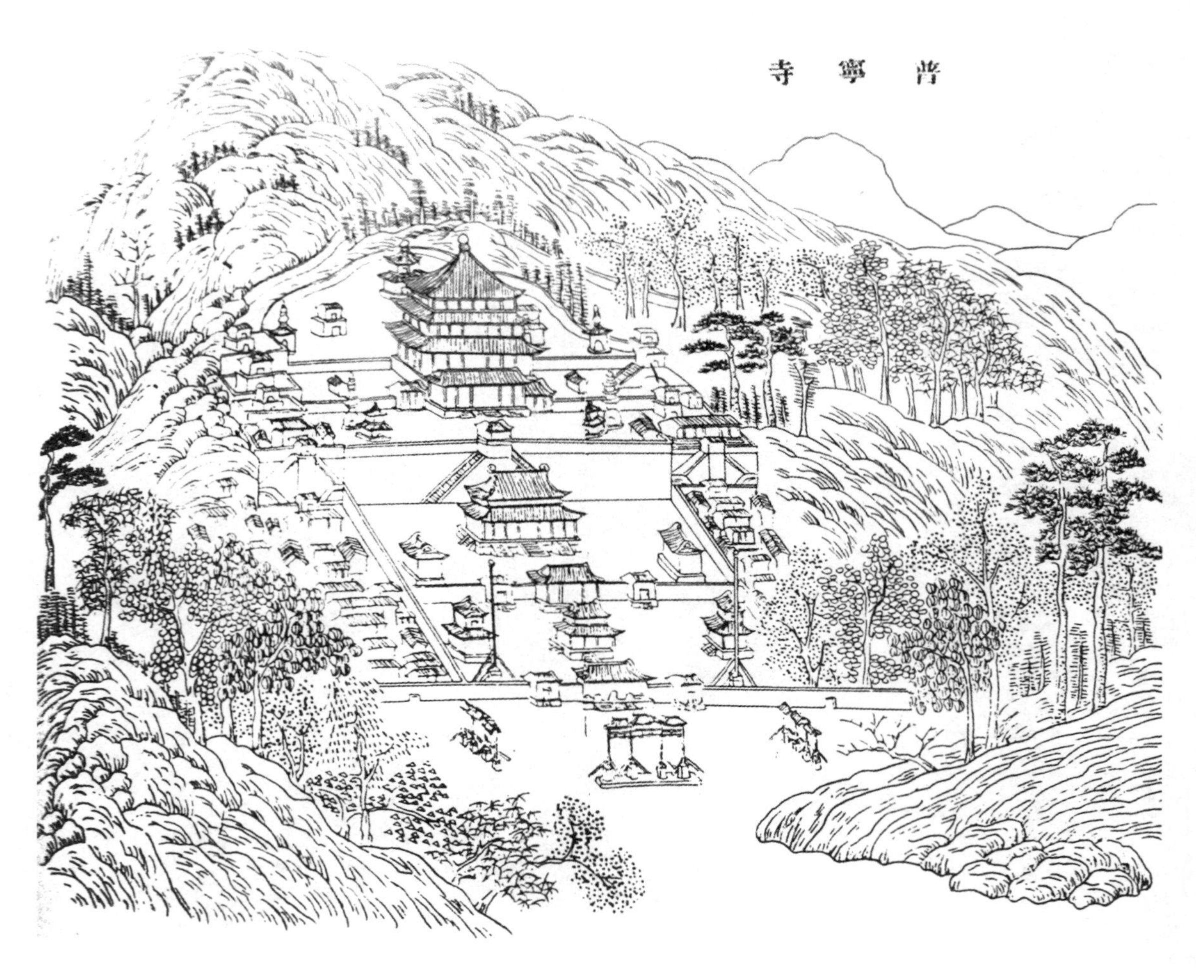

图 18-44-1
[清]《钦定热河志》——《普宁寺》

第四十五节　热河普佑寺图像

普佑寺位于避暑山庄东北六里，建于乾隆二十五年（1760）。《钦定热河志》中有《普佑寺》插图。图中，寺院坐北朝南。山门面阔三楹，门内为大方广殿，面阔五间。殿北为天王殿。天王殿北为寺院的主院。院中法轮殿建于高台上，重檐攒尖顶，两侧各有配殿。院北为藏经楼（图18-45-1）。

图 18-45-1
[清]《钦定热河志》——《普佑寺》

第四十六节　安远庙图像

安远庙位于避暑山庄东北、武烈河东岸山冈上，建于乾隆二十九年（1764），仿照伊犁固尔扎庙修建。《钦定热河志》中有《安远庙》插图。图中，寺庙朝向西南，布局规整紧密。山门殿面阔三间，重檐歇山顶。寺中主殿为普度殿，高三层，重檐歇山殿顶，四周回廊长六十四楹（图18-46-1）。[①]

① 《钦定热河志》卷七十九。

图 18-46-1
[清]《钦定热河志》——《安远庙》

第四十七节　普乐寺图像

安远庙以南为普乐寺，建于乾隆三十一年（1766）。《钦定热河志》中的《普乐寺》插图中，寺庙坐西朝东，山门面向避暑山庄，内有钟楼、鼓楼、天王殿和宗印殿。山门与天王殿均为单檐歇山顶。宗印殿为前殿，造型为重檐歇山顶，殿内供奉释迦牟尼佛、药师佛、阿弥陀佛以及护法神，其北配殿为胜因殿，南配殿为慧力殿，均面阔三楹。宗印殿后有门，可至经坛。坛四面有门，其上建有两重檐圆顶的旭光阁（图18-47-1）。①

① 《钦定热河志》卷七十九。

图 18-47-1
[清]《钦定热河志》——《普乐寺》

图 18-48-1
[清]《钦定热河志》
——《普陀宗乘之庙》

第四十八节　普陀宗乘之庙图像

普陀宗乘之庙位于避暑山庄以北，建于乾隆三十五年（1770），样式仿照了西藏拉萨布达拉宫。《钦定热河志》中有《普陀宗乘之庙》一图。图中，寺庙依山而建，坐北朝南。入口山门位于南端，前有拱桥沟壑。山门以北为碑亭，平面方形，重檐亭顶，亭中为乾隆亲书满、汉、蒙、藏四种文字镌刻的三座石碑：中间石碑为《普陀宗乘之庙碑记》，东侧石碑为《土尔扈特全部归顺记》，西侧石碑为《优恤土尔扈特部众记》，主要记录了建庙的过程与目的，以及土尔扈特部回归中国的过程和清廷对其进行抚恤的情况。

碑亭以北为高达十几米的五塔门，基础为白台，中间开辟三拱门供进出用，拱门上为藏式盲窗。白台上矗立五座喇嘛塔，分别为红、绿、黄、白、黑五种颜色，各代表喇嘛教的一个教派。五塔门以北为琉璃牌坊，开三个拱门，挂匾额“普门应现”与“莲界庄严”。琉璃牌坊以北，在山坡上散布这三十多座藏式白台建筑，位置最高处为大红台联体建筑。大红台的基座为高达18米的大白台，大白台底层基座为花岗岩，壁面有三层藏式盲窗。大红台高达25米，共七层，各层或开盲窗，或开真窗，南侧壁面中央从上到下装饰有琉璃幔帐佛龛六个。大红台顶部为平顶，四周砌女儿墙，中心建有万法归一殿。万法归一殿为普陀宗乘之庙的正殿，是举行宗教集会和庆典的场所，也是乾隆接见渥巴锡的场所。万法归一殿为重檐攒尖镏金铜瓦屋顶，法铃宝顶，旁边建有文殊圣境殿、千佛阁、慈航普度殿、洛伽胜景殿等（图18-48-1）。

第四十九节 殊像寺图像

殊像寺位于普陀宗乘之庙西侧，建于乾隆二十六年（1761），仿照山西五台山殊像寺与北京香山宝相寺而建。《钦定热河志》中的《殊像寺》一图中，自南向北依次为山门殿、天王殿、会乘殿。山门面阔三楹，左右有钟楼与鼓楼。山门殿以北为天王殿，东西各有一座五楹配殿。天王殿北为会乘殿，面阔七楹，屋顶为重檐歇山，建筑在高台之上，东配殿为指峰殿，西配殿为面月殿，均面阔三楹。会乘殿后建有宝相阁。宝相阁为重檐八角形，阁内供奉骑狮文殊菩萨像，两侧为侍者像。阁东配殿为云来殿，阁西配殿为雪净殿，均面阔三楹。阁北为清凉楼，长十八楹。清凉楼前有配殿两座，东配殿为吉晖殿，西配殿为慧喜殿，均面阔五楹（图18-49-1）。

图 18-49-1
[清]《钦定热河志》——《殊像寺》

第五十节　罗汉堂图像

罗汉堂位于避暑山庄北，建于乾隆三十九年（1774），仿照海宁安国寺建。《钦定热河志》中有《罗汉堂》一图。图中，山门前有溪涧石桥，门内左右有钟鼓楼，山门后为天王殿，面阔五间。天王殿后为应真普现殿，面阔九楹，重檐顶，东西配殿各六楹（图18-50-1）。

图 18-50-1
[清]《钦定热河志》——《罗汉堂》

第五十一节　须弥福寿之庙图像

须弥福寿之庙位于普陀宗乘之庙以东，是班禅为乾隆祝寿时在热河的行宫。在《钦定热河志》中的《须弥福寿之庙》插图中，寺庙依山而建，坐北朝南，呈中轴对称式样布局。山门朝南，前有石桥跨沟壑上。山门开辟有三个拱门，上建门楼，后有碑亭，碑亭内为乾隆四十五年（1780）树立的《御制须弥福寿之庙碑》。碑亭以北为琉璃牌坊，三间四柱七楼样式，再往北为主体建筑大红台。大红台墙壁上开辟有三层汉式垂花门头窗户，每层十三个窗户，共三十九个窗户。大红台为平顶，四角各有庑殿一座，内部为群楼，中间为妙高庄严殿。妙高庄严殿是寺庙的主殿、班禅的讲经处，三层高，平面方七间，重檐攒尖殿顶。中轴线最北端为琉璃宝塔，高七层，平面八角形（图18-51-1）。

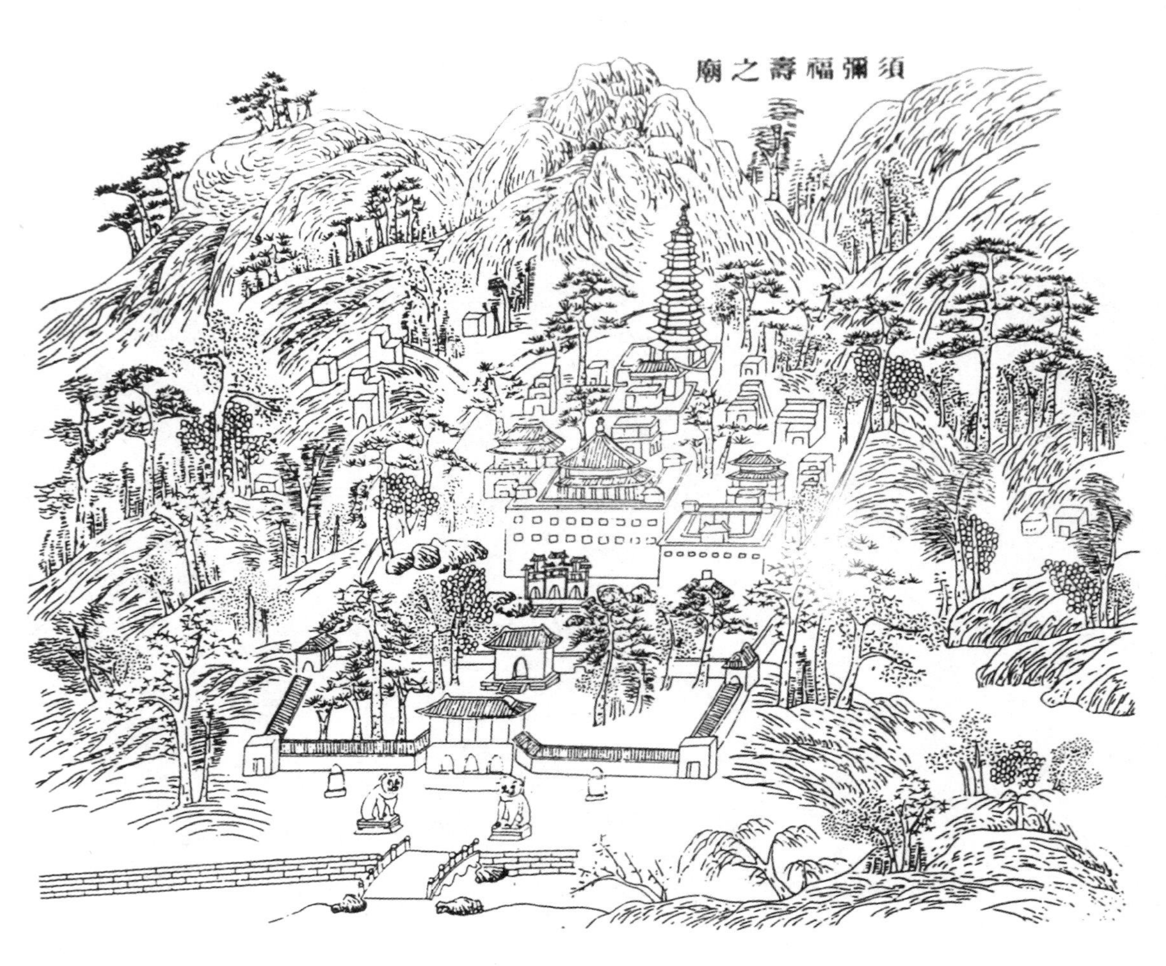

图 18-51-1
［清］《钦定热河志》——《须弥福寿之庙》

第五十二节　广元宫图像

广元宫位于避暑山庄松云峡谷北坡，为道教宫观，仿照泰山碧霞元君庙宇而建。《钦定热河志》中有《广元宫》插图。图中，自入口向内有三进院落，规模较大。正门朝南，上下两层，下层开门，上层建有面阔三间的歇山顶门楼，悬挂乾隆皇帝题额“广元宫”。正门之后有钟、鼓楼，两侧有东西山门各三楹。山门内有仁育门，门后建有重檐馨德亭。亭后为正殿仁育殿，面阔五间，前有东配殿邀山堂，西配殿蕴奇斋，均面阔三楹。殿后为后院，有假山、松树，出后山门向山峰顶可到达古俱亭（图18-52-1）。

图 18-52-1
[清]《钦定热河志》——《广元宫》

第五十三节　穹览寺图像

穹览寺位于喀喇河屯行宫东南，是康熙四十三年（1704）驻跸喀喇河屯行宫时候，随行人员为给其祝寿而建。《钦定热河志》中有《穹览寺》一图。图中，寺院建筑位于滦河边上的坡冈上，山门两侧有八字墙，门内左右建有钟鼓楼，门后为康熙手书石碑。寺内正殿为清音贝叶殿，东西各有一座配殿。正殿后为天半香林殿，东西亦有配殿（图18-53-1）。

图 18-53-1
[清]《钦定热河志》——《穹览寺》

第五十四节　琳霄观图像

琳霄观位于喀喇河屯行宫东南三里，建于康熙四十九年（1710），可与穹览寺相望。《钦定热河志》中的《琳霄观》一图中，寺院坐北朝南，山门外有牌楼。门内为灵官殿，其北为圣母殿，两侧有东西配殿。圣母殿北为火神殿（图18-54-1）。①

① 《钦定热河志》卷八十。

图 18-54-1
［清］《钦定热河志》——《琳霄观》

第五十五节　潭柘寺图像

潭柘寺位于北京西门头沟潭柘山。寺院始建于西晋建兴四年（316），原名嘉福寺，唐代更名为龙泉寺，金代成为皇家寺院，元世祖忽必烈之女妙严公主曾在此出家。明清两代，潭柘寺多次修葺，成为北方最具有影响力的佛教圣地。①寺内有舍利塔、毗卢阁、观音殿、延青阁、流杯亭。康熙年间曾赐名为岫云寺，乾隆年间流杯亭御赐匾额，上书“猗玕清境”。②

《鸿雪因缘图记》中有《潭柘寻秋》和《猗玕流觞》两图。《潭柘寻秋》一图所绘为寺院全景。图中，寺院四周群山环抱，建筑依山而建，周围绿树环绕。入口磴道在峰崖间盘旋，靠近山门处为跨涧石桥，桥后矗立有四柱三开间牌坊。牌坊后为山门、佛殿，呈多路多进格局，依山势逐渐升高。寺阁建筑基本为歇山顶，其中一部分为重檐歇山顶，形制庄严大气。寺后部处理有一座小白塔。侧路为行宫区，前部一栋重檐圆顶亭较为突出。《猗玕流觞》一图的视觉中心集中于寺内的流杯亭。流杯亭处于寺内的空地中，重檐顶，亭中石渠蜿蜒如龙，引寺外泉水流经石渠，成为曲水流觞的场所。右侧有入口牌坊，牌坊前为单孔石拱桥，桥前面为山门、重檐亭和大雄宝殿的殿顶。山泉自寺院两边沿着涧沟流淌（图18-55-1、图18-55-2）。

---

① 董春杰：《京西名刹潭柘寺》，中国宗教：2002 年第 5 期，第 56 页。
② [清] 麟庆撰，汪春泉绘：《鸿雪因缘图记》，北京：国家图书馆出版社，2011 年，第 146、625 页。

图 18-55-1
[清]《鸿雪因缘图记》——《潭柘寻秋》

图 18-55-2
[清]《鸿雪因缘图记》——《猗玗流觞》

第五十六节　灵光寺图像

灵光寺位于北京西山余脉翠微山东麓，是西山八大处中的重要寺院。该寺创建于唐代大历年间，初名龙泉寺。金代大定年间重修，改称“觉山寺”。明代重修时称为“灵光寺”。

《鸿雪因缘图记》中有《灵光指径》一图。图中灵光寺院背倚翠微山，山势低平。寺院格局为多进合院形式，以隔墙、廊庑围合成四方院落。寺院后方靠近山坡顶部建有一座寺塔。该塔建于辽代，原名招仙塔，塔高十三层，内存佛牙舍利，俗称“画像千佛塔”，塔周围置有铁灯龛十六座（图18-56-1）。[①]

图 18-56-1
[清]《鸿雪因缘图记》——《灵光指径》

① 北京市档案馆：《北京的灵光寺》，北京档案：2012 年第 12 期。

第五十七节　证果寺图像

证果寺位于北京卢师山山腰，是京西八大处之一。寺院始建于隋代仁寿年间，唐天宝年间改称为感应寺，明代景泰年间称为镇海寺，天顺年间称为证果寺，是八大处年代最为久远的寺院。①

《鸿雪因缘图记》有《秘魔三宿》一图，呈现了证果寺的景观。图中，寺院入口山门殿位于图像左侧，殿身建于高台基上。寺内建筑基本沿着山麓排列，主要建筑为天王殿、大雄宝殿，大雄宝殿前有较大的方形院落。图像左侧有一座巨大且倾斜的石壁，形态奇异，称为秘魔崖，崖下形成石屋洞（图18-57-1）

秘魔三宿

图 18-57-1
［清］《鸿雪因缘图记》——《秘魔三宿》

---

① 北京市档案馆：《北京卢师证果寺》，北京档案：2012 年第 9 期。

图 18-58-1
[清]《鸿雪因缘图记》
——《香界重游》

第五十八节　香界寺图像

香界寺为西山八大处之一，位于平坡山下。寺院始建于唐代，名为平坡寺。明代重修，称为圆通寺。清代再次重修，命名为圣感寺、香界寺。寺院规模宏大，建筑依山就势、视野开阔，可远观翁山、昆明湖、玉泉山等景致。[①]

《鸿雪因缘图记》中有《香界重游》一图。图中平坡山山坡起伏较缓，山中多石，山涧沿沟壑流淌而下，植被葱郁，种类繁茂。香界寺建筑依山麓逐层升高。入口处矗立有三开间四柱式牌坊。寺院主体建筑群呈多路多进格局，以隔墙围合成院，主要建筑有天王殿、大雄宝殿、藏经楼等。寺院建筑一侧为行宫院，供清帝在此游赏驻跸使用。远处山顶有牌坊、观音殿，殿后为宝珠洞（图18-58-1）。

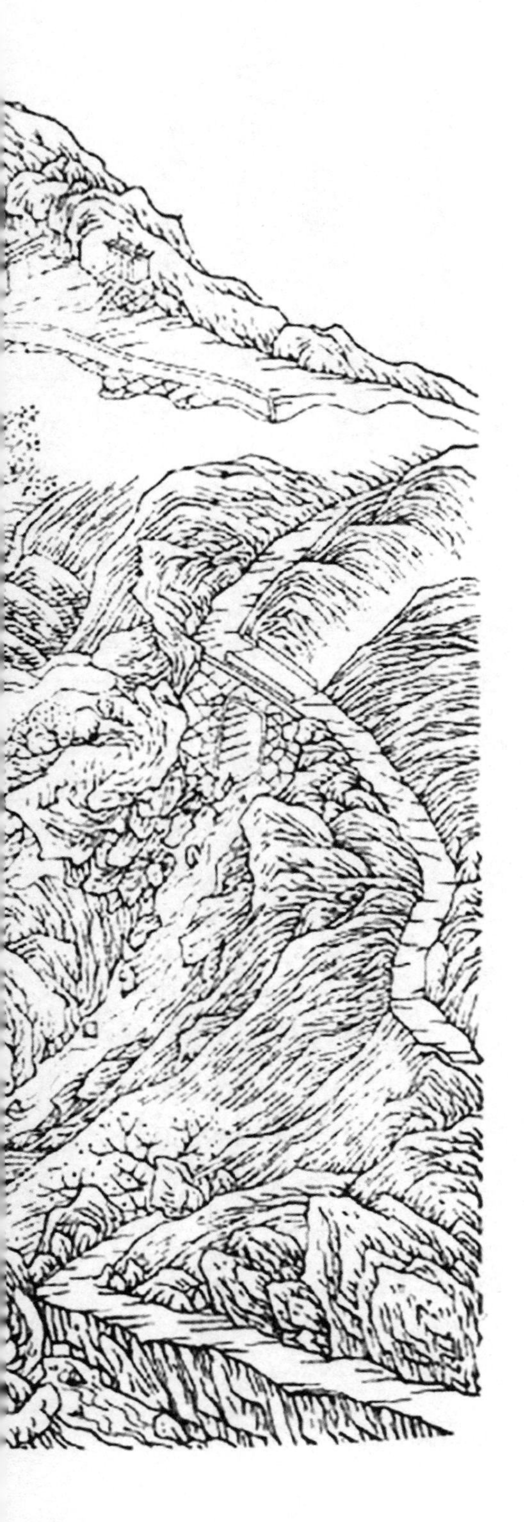

①［清］麟庆撰，汪春泉绘：《鸿雪因缘图记》，北京：国家图书馆出版社，2011 年，第 634 页。

图 18-59-1
[清]《鸿雪因缘图记》
——《五塔观乐》

五塔觀樂

第五十九节　五塔寺图像

五塔寺位于北京西直门外长河北岸。寺院始建于明代永乐年间，原名真觉寺，清代改名为大正觉寺。

《鸿雪因缘图记》中有《五塔观乐》一图。图中前方为河流，河边植被茂盛。五塔寺建于河边，寺塔占据了图像的中心。图中寺塔始建于明代成化九年（1473），又称为金刚宝座塔，由五座砖石塔、台基和金刚宝座构成。石塔为密檐式，中央塔有十三层檐，四周的塔有十一层檐，塔身有雕刻，[①]塔前方有一座重檐攒尖亭。塔身下方为金刚宝座，座身分为五层，最下面一层为须弥座，上面四层布满佛龛。宝座前方开辟有拱券门。金刚宝座坐落于台基上，台基为须弥座式，台面四周围合栏杆，有台阶与地面相通。

金刚宝座塔四周均有建筑物。其右侧隔墙后为广院，院中伫立一座碑亭，亭内有御碑。亭后隐约可见卷棚屋顶。塔左侧林木葱郁，松柳之间可见数重殿宇逐层升高，殿后有巨大的石崖（图18-59-1）。

① 赵迅：《五塔寺塔》，古建园林技术：1985年第8期，第53页。

第六十节 宝藏寺图像

宝藏寺位于北京青龙桥西北金山山麓。寺院始建于明代，原名苍雪庵。寺内有泉水，甘冽可口，可与玉泉山静宜园泉水相媲美。《鸿雪因缘图记》中有《宝藏攀桂》一图，描绘了宝藏寺的部分景观。图中金山入口位于图像右下角，曲折的山道上矗立一座入口牌坊，牌坊为三间四柱造型，坊上书有“湖山一览”四字。沿着山道，过牌坊后为一座单孔石桥，过桥后沿曲折的磴道上山。山中多种有桂花树，有数条溪涧流过。图中所绘主体建筑群分为三处，分别布局在不同的台层上。较低处建有一座圆形石砌台基，台上有一座卷棚顶建筑，其侧边伸出抱厦，面向山道入口。中间台层上建有一座观音殿，殿墙开辟圆窗，殿顶为歇山顶，装饰精美。殿后有憩泉亭，可观玉华池。过观音殿，经过山涧石桥，可通向较高处的建筑群。远处云雾缥缈，可远瞰玉泉山、昆明湖诸景（图18-60-1）。

图 18-60-1
［清］《鸿雪因缘图记》——《宝藏攀桂》

第六十一节　卧佛寺图像

卧佛寺位于香山东、西山余脉荷叶山下，始建于唐代，初名兜率宫，后改称为昭孝寺、洪庆寺、永安寺，雍正年间御赐寺名为十方普觉寺。因为寺内有铜制卧佛塑像，故俗称卧佛寺。

《鸿雪因缘图记》中有《卧佛遇雨》一图，描绘了卧佛寺入口的景观。图中远景为西山山脉，山势如龙，林海苍翠。图像左下角为入口牌坊，三间四柱式样。一条宽阔的甬道自牌坊向右侧延伸，通向寺院山门，甬道两侧种植有成排的树木。寺院山门殿前矗立一座宏伟的琉璃牌坊。牌坊为三间四柱七楼样式，上书“同参密藏”四字（图18-61-1）。

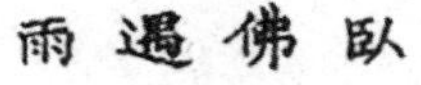

图 18-61-1
[清]《鸿雪因缘图记》——《卧佛遇雨》

图 18-62-1
[清]《鸿雪因缘图记》
——《碧云抚狮》

碧雲撫獅

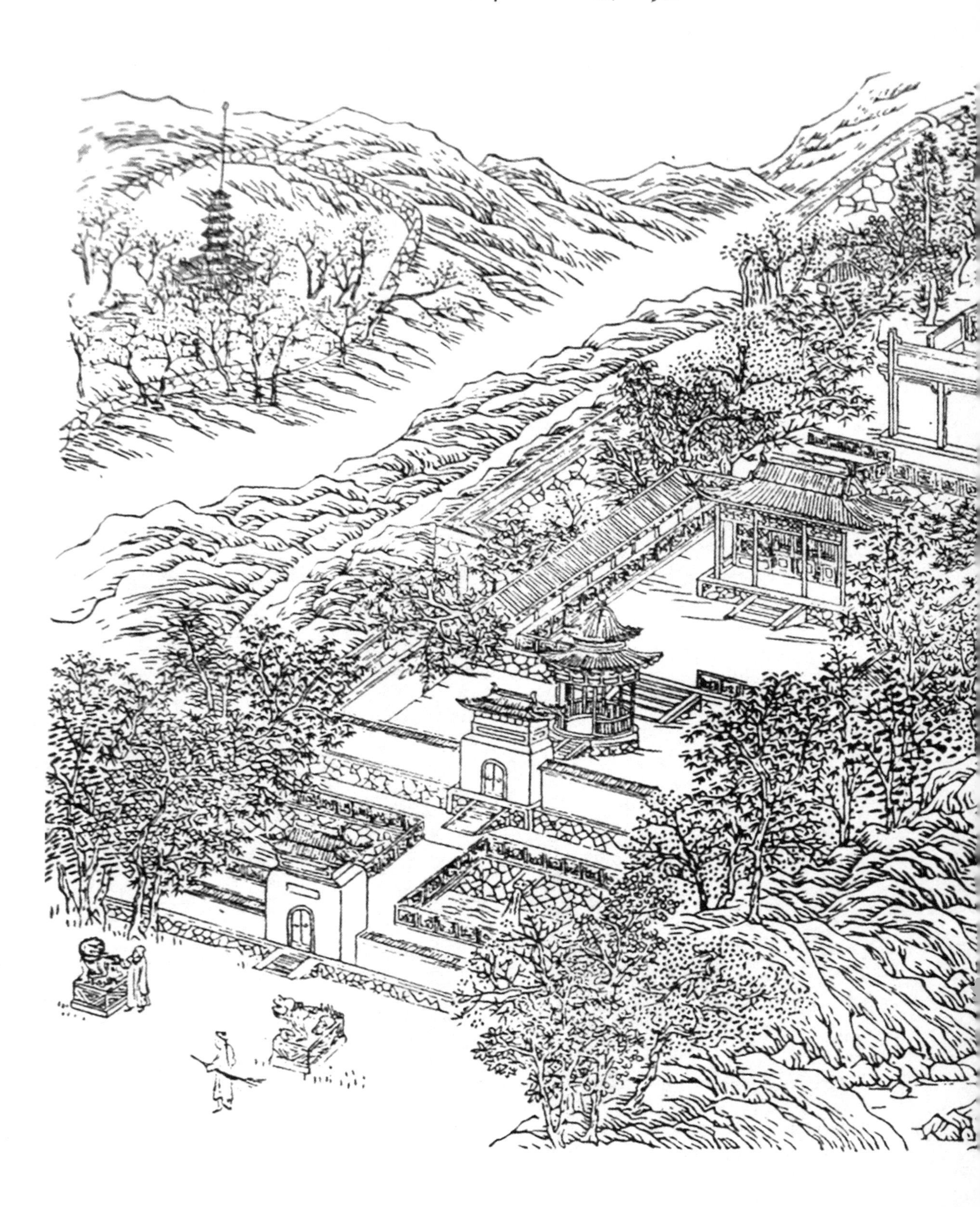

第六十二节　碧云寺图像

碧云寺位于香山东麓、静宜园北侧，是香山规模宏大、著名的寺院。碧云寺始建于元朝，耶阿利吉舍宅建造碧云庵，明正德年间改庵为寺，天启年间重新修建，又称为于公寺。乾隆时期在此也修建有行宫设施。

《鸿雪因缘图记》中有《碧云抚狮》插图，反映了碧云寺空间景观面貌。图中碧云寺坐西朝东，主要建筑沿中轴线排列。入口山门殿位于图像左下角，门前左右各置一座石狮。殿后有池沼，引泉涧入池。沿轴线向西，依次为弥勒殿、释迦牟尼殿、菩萨殿。殿后为两座牌楼，均为三开间，不同之处在于后面的牌楼中间高、两边低，下面开拱券门，两边各置有一座石兽。牌楼之后的高台上建有金刚宝座塔。金刚宝座塔包括基座和塔身两部分，基座上开辟有拱券门，其上矗立有五座塔。中间的塔较高大，四周的较为矮小，塔肚均呈圆形，为覆钵式塔（图18-62-1）。[①②]

① 汪菊渊：《中国古代园林史》，北京：中国建筑工业出版社，2006年，第442页。
② 李卫伟：《香山碧云寺古建筑探析》，建筑学报：2011年第1期，第50—54页。

第六十三节　大觉寺图像

大觉寺位于北京西山阳台山麓。寺院始建于金章宗时期，原为西山八大水院之一的清水院故址。明代在此建灵泉寺，后改为大觉寺。清代数次修葺，寺内建有弥勒殿、无量寿佛殿、大悲坛、憩云轩等。①

《鸿雪因缘图记》中有《大觉卧游》一图。图中视觉焦点集中于憩云轩。憩云轩位于寺院后部，是一处休憩轩堂。图中憩云轩为卷棚硬山顶，面阔三间，前方出廊。轩前为平院，院内空旷，四周植被茂盛。轩后石崖错落，山泉自山顶泻流而下，自石梁下方流过，绕憩云轩最终汇入寺门外的池沼中。山顶有领要亭、覆钵式白塔与两层高的卷棚顶楼阁（图18-63-1）。

图 18-63-1
[清]《鸿雪因缘图记》——《大觉卧游》

① [清]麟庆撰，汪春泉绘：《鸿雪因缘图记》，北京：国家图书馆出版社，2011年，第666页。

第六十四节　大相国寺图像

大相国寺位于河南开封，寺院始建于北齐天宝年间，初名建国寺。唐代更名为相国寺。北宋时期，寺院成为汴京的佛教中心。清代多次重修，寺内有大雄宝殿、圆殿、毗卢阁诸殿宇，圆殿中供奉千手千眼佛，毗卢阁内贮藏有经卷，阁后有放生池。

《鸿雪因缘图记》中有《相国感荫》一图，刻画了相国寺入口的景观。图中入口山门殿前为广院，院前矗立一座四柱三间牌坊。中间略高，单檐歇山顶，檐下有七组斗拱，额枋上写有“敕建相国寺”五字。两边略低，均为重檐歇山顶，檐下各有三组斗拱，额枋上分别书写“中邦福地”和“梁苑香林”。山门殿两侧各有一座便门，殿后树丛中可见钟楼、鼓楼的檐顶。广院一侧为多进合院，后院中可见鸡、鸭等家禽（图18-64-1）。

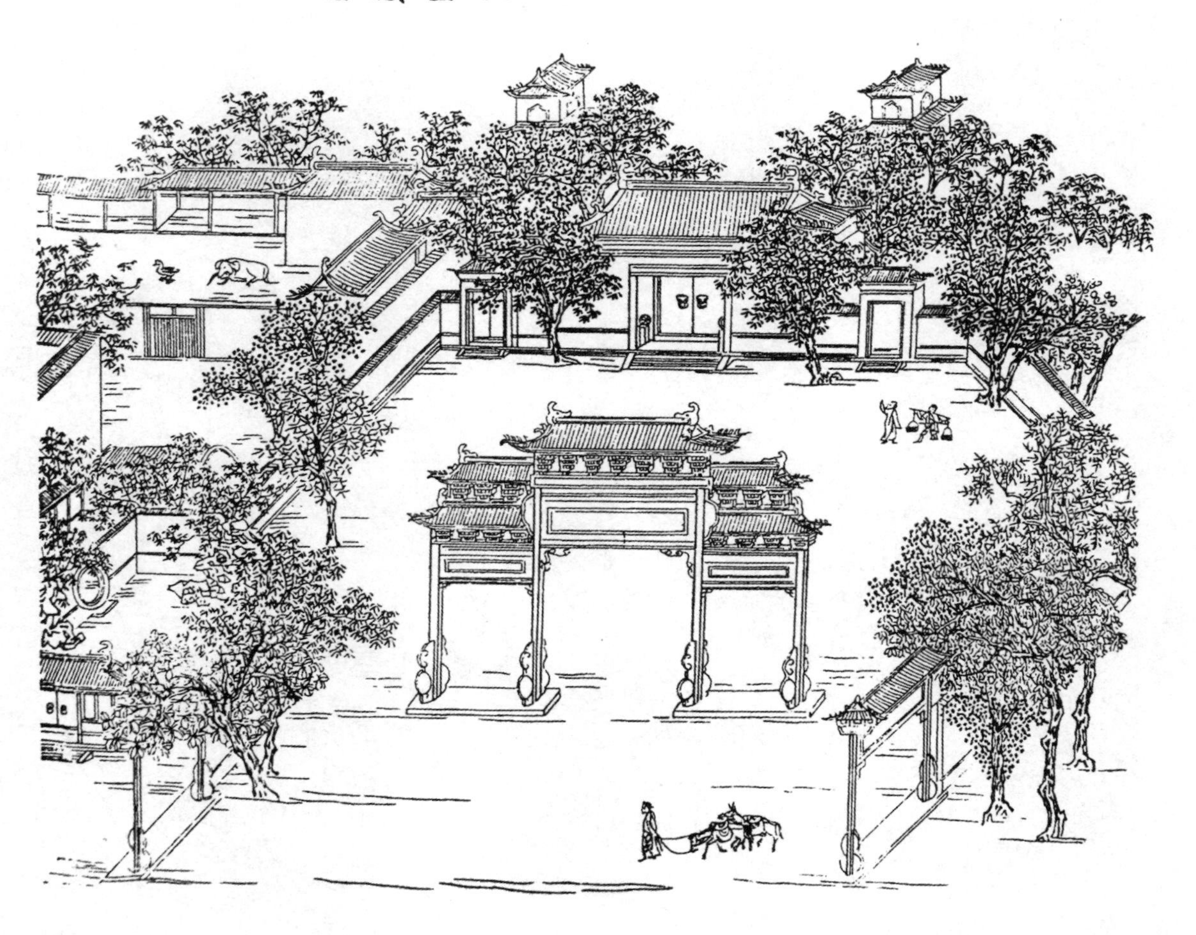

图 18-64-1
[清]《鸿雪因缘图记》——《相国感荫》

图 18-65-1
[清]《鸿雪因缘图记》
——《元妙寻蕉》

第六十五节　元妙观图像

元妙观，又名玄妙观，位于河南南阳城北，始建于元朝至正年间，殿前立有晓岩公德政碑。《鸿雪因缘图记》中有《元妙寻蕉》一图。[①]图中城墙位于右下角，元妙观隔护城河相望。入口面向护城河，观内以隔墙分隔成方院。图中显示出有三座院落，呈左中右三路格局。观内种植有成片的松林，左侧建筑前有茂密的芭蕉。观外河边有稀疏的柳树（图18-65-1）。

① [清] 麟庆撰，汪春泉绘：《鸿雪因缘图记》，北京：国家图书馆出版社，2011 年，第 319 页。

总结

本书的目的在于全面、系统地展现我国古典园林图像艺术成就。全书深入发掘、整理了中华古代园林图像遗产，从图像的视角来阐述中国优秀古典园林的景观艺术特征，在梳理古代园林图像相关文献资料、仔细甄别图像内容的基础上，采用专题分类模式，以图像所表达的园林内容和性质为主线展开阐述。全书分为“上・皇家园林图像卷”“中・风景名胜图像卷”和“下・私家、寺观园林图像卷”三卷，各卷以图文并茂的形式，解析1115幅中国古代园林图像的绘制内容、媒介材料、风格手法，并重点阐释、探讨图像中所呈现的园林营造背景、空间格局，以及建筑、装饰、植被和水系的营造特色。

上卷收录皇家园林图像374幅，其中大内御苑图像17幅，离宫御苑图像269幅，行宫御苑图像88幅。除了《金明池夺标图》为北宋作品外，其余图像均产生于清代。按照材料划分，大内御苑图像中版刻图像16幅，离宫御苑图像中水墨册页112幅、铜版画20幅、木刻版画137幅，行宫御苑图像中水墨图像16幅、木刻版画72幅。总体来说，以避暑山庄、圆明园为主题的水墨图像史料较为丰富，木刻版画是皇家园林形象传播的主要图像载体。

上卷收录的皇家园林图像涉及大内御苑8处、离宫御苑4处、行宫御苑47处，总计59处皇家园林。大内御苑包括紫禁城内的园林和西苑，离宫御苑包括华清宫、避暑山庄、圆明园和清漪园，行宫御苑广泛分布于南巡、西巡路线上。这些园林图像以写实性的手法，呈现了这59处皇家园林的选址环境、空间格局、园林要素（建筑、植被、水体）的空间形态和总体景观面貌特征。

图中显示，皇家园林形制等级分明，有明显的几何对称结构，主要建筑背北朝南。除了西苑有大面积的水面、格局较为生动自然以外，御花园、西花园、景山等大内御苑受到紫禁城规整空间的影响，形态上也以中轴几何对称格局为主。避暑山庄、圆明园等离宫御苑往往采取宫苑分置的布局，建筑数量众多、功能复杂，建筑群一般采取规整的多路多进合院格局，苑林区则充分利用自然地理地势，因山随势布置游憩、观景类建筑，引水成湖，追求自然、天然的景观意匠。行宫建筑延续了多路多进合院格局，但是建筑布局相对灵活，式样也较为简约，乾隆南巡与嘉庆西巡路线上的行宫大多依托寺观和名胜营建。清代北方皇家园林还明显融入了江南园林的筑山理水等造景理念与手法，使得皇家园林成为中国古典园林的集大成之作（表1～表3）。

中卷收录风景名胜园林图像453幅，其中名山图像321幅、名水图像85幅、名洞名石图像19幅、楼亭台塔图像28幅。除了宋代的《四景山水图》和元代《丰乐楼》《岳阳楼》图，其余的全是明清时期的图像。按照材料划分，名山类水墨图像21幅、版刻图像300幅，名水类水墨图像38幅、版刻图像47幅，洞石水墨图像2幅、版刻图像17幅，楼亭台塔水墨图像2幅、版刻图像26幅。明清时期的图像是古典园林图像的主要组成部分，其中版刻图像是风景名胜景观形象传播的主要图像载体。

中卷收录图像涉及名山78处、名水18处、名洞10处、名石5处、楼亭台塔23处，总计134处风景名胜。这些风景名胜广泛分布于中国大地上，类型多样，特色鲜明，且开发较早，人文历史积淀深厚。中卷收录的风景园林图像，包括方志插图、图集和图咏、宫廷图像、自传与游记插图四大类，以纪实性手法描绘了这些风景名胜的自然环境、建筑营造和人文活动，表达对风景的观赏体验，以及对风景所承载的历史、文化的追思与缅怀，映射出极其鲜明的景观特征（表4～表7）。

下卷共收录私家园林图像216幅、寺观园林图像72幅。私家园林图像中，明代图像122幅。寺观园林图像中，明代的为5幅，其余的为清代图像。收录图像涉及30处私家园林，65处寺观园林。私家园林广泛分布于北京、陕西、安徽、苏州、扬州、南京、杭州等地。寺观园林分布于北京、河北、山东、杭州、山西等地。

私家园林图像内容显示，这些私家园林的营造风格分为三类：一类为城外的文人园林，如辋川别业、东庄、拙政园、西林园等，充分利用湖、溪、池、峰等自然环境要素，人工建筑较少且较为朴素疏朗，呈现出明显的天然、简约的景观特征；另一类为王公、仕宦、富商的园林，如坐隐园、瞻园、倚虹园、九峰园、安澜园、寄畅园等，园林占地面积大，园内置假山、开池塘，或引自然山水之景入园，建筑数量较多且形象突出，园林要素齐全，装饰繁复，独具匠心，显示园主雄厚的财力和不菲的投入。第三类为城镇私园，如半亩园、狮子林等，占地面积小，园景小巧精致，人工化程度高（表8～表9）。

以寺观为主题的园林图像中，清代版刻插图占绝大部分。图中，寺观发挥重要的游赏、祭拜和集客功能，除了城镇内的寺观以外，其选址多位于风景优美的山野之间。在布局上一般采取因地就势、中轴对称、多进院落的方法。寺院园林在中轴线上依次布置山门、天王殿、大雄宝殿、藏经楼。山门即寺院入口，有时与天王殿合二为一。山门后院子角隅分别布置钟楼和鼓楼。大雄宝殿是寺院主殿，规模最大，两侧一般有对称的配殿。藏经楼是收藏经卷之处，一般高两层，位于轴线后端。寺院后部一般有寺塔。道观园林一般在中轴线上依次布置山门、三清殿、玉皇殿、灵官殿等。山门往往开三券门洞。总体来说，明清时期，我国寺观的形制已经定型，不再产生大的变化。

从图像的表达手法与视觉结构上看，如《御制避暑山庄三十六景图》《圆明园四十景图》等，采用了多幅景图共成图册的形式，主题鲜明。每张景图各对应一个核心景点，形成一个景域单元。画面的视觉焦点非常明确，因而形成向心的图面结构，从中心到外围基本是按照主体建筑物、建筑群、坡地、河流、湖面、山峦的层次逻辑进行建构的。水体、山峦萦绕主体建筑群（物），形成景域的外围界限，同时也作为各个景域单元的过渡空间。

皇家园林、私家园林、寺观园林的图像视点均较高，从俯瞰的角度对建筑、植被、水体进行描绘。较高的视点有助于更全面地表现建筑群的空间层次和建筑物、构筑物的构造，也有利于表现植物的空间配置、河流与岸线的走向。从建筑的轮廓线走向可以发现，这三类景图大多采用了焦点透视法。相对于中国画常用的散点透视法，焦点透视法表现对象三维空间更加逼真，空间进深感和层次感更强。配合以焦点透视法，绘者对建筑、山石、植被、岸线等进行了细致描绘，而刻工也凭借高超的镌刻技巧忠实地传达了绘画意图。很明显，大部分皇家园林图像的绘者，其绘画风格缜密、精致，属于工笔山水画的套路，笔锋之中较少文人水墨的韵味。图中皇家建筑檐下、屋顶、树叶和山坡的轮廓，绘者使用了较深的线条，形成明暗对比效果。远处的山体仅以轮廓线勾绘，可见除了焦点透视法外，绘者还运用了明暗法、虚实法加强空间层次与效果。这些方法均属于西洋绘画法，在康熙朝时期流传至宫廷，开始被宫廷画家所采用。私家园林图像中水墨类图像数量较多，其作者沈周、文徵明、张复等人，是著名的文人画家，他们在表现手法上，亦能结合文人笔墨技法渲染画面意境，清楚地传递了园林的美学意匠。寺观图像多采取俯视角度，刻绘精细，造型准确，倾向于忠实地描绘出中轴对称的建筑格局，尤其突出中轴线与中轴线上的主体建筑物。

较为特别的是《静宜园二十八景图》。为了表达静宜园二十八处景观，绘者采取了散点透视的方法架构起视觉框架。绘者的视点与对象距离非常远，从东向西俯瞰，不仅囊括了主要的景观节点，整个风景看起来没有大的空间变形。绘者还运用了虚实和明暗法加强空间进深效果。萦绕的云雾不仅是虚实的手法，同时也分割了画面空间，提升了画面的节奏感。绘者的笔法并非是严格的工笔山水画法，而是笔法灵动，带有较强的水墨趣味。这一点与其他宫廷园林图像，如与《圆明园四十景图》等有很大不同。这既有可能是因为绘者本身的绘画风格使然，同时又反映了古代皇家园林图像的多样性。

作为方志、游记插图的风景园林图像通过刊刻得以传播，因此其物质形态基本为版画，在外形上要与收录该插图的出版物尺寸相适应，因此一般采取分幅景图的形式。相对于水墨画，版刻图的特征是具有可复制性，能够大量印刷和传播，但是在手法上只能采取白描墨线勾勒。自然山水景观是风景名胜图像的主体内容，山水画中的“三远法”在风景名胜图像中得到大量运用，并主导了图像的视觉结构。名胜图像视觉的呈现可以在横卷中按照时空线素展开，也可以与文字配合以分幅景图的形式呈现独立的景观。图像的作者背景以及图像功能的多样化导致风景名胜图绘风格也呈现多样化面貌。图像形态、视觉结构与风格的复杂性反映出我国古代风景名胜图像的多样性视觉特征。

私家园林长卷类图像共有四张，《环翠堂园景图》《平山堂图志》是罕见的明清木刻版画长卷，仇英的《辋川十景图》和王原祁的《辋川图》是水墨长卷。这类长卷很明显采用了散点透视方法。绘者的视点不是固定于一点，而是沿着景观的顺序不断移动，这有助于表现扬州瘦西湖沿岸、坐隐园、辋川别业这类复杂的园林景观空间。这种透视方法更适于将线状的景观，如沿河的景观浓缩在长卷中，而且不会产生大的变形。图中的视点均处于较高的位置，保证了能够尽可能地、全面地呈现景观要素和空间结构。

总体来说，本书收录的图像体现了我国古典园林营造的丰富面貌和高超技艺，从图像史料的角度诠释了中国古典园林的艺术成就。同时，受到材料媒介、作者身份、主题内容以及绘制目的等因素的影响，园林图像呈现出多样化的视觉表达方式，充分反映了我国图像艺术发展的成就，从而进一步彰显了园林图像的历史、文化与艺术的复合价值。

表1　大内御苑图像信息表

序号	名称	园林类型	地点	图像	作者或来源	材料类型
1	长乐宫与未央宫	大内御苑	西安	《汉长乐未央宫图》	[清]《关中胜迹图志》	版刻插图
2	建章宫	大内御苑	西安	《汉建章宫图》	[清]《关中胜迹图志》	版刻插图
3	唐西内	大内御苑	西安	《唐西内图》	[清]《关中胜迹图志》	版刻插图
4	大明宫	大内御苑	西安	《唐东内图》	[清]《关中胜迹图志》	版刻插图
5	兴庆宫	大内御苑	西安	《唐南内图》	[清]《关中胜迹图志》	版刻插图
6	紫禁城御苑	大内御苑	北京	《大内总图》 《午门朝参之图》 《午门内九重殿门之图》 《御花园》《西花园》 《慈宁宫》《寿安宫之图》	[日]冈田玉山　等 《唐土名胜图会》	版刻插图 7幅
7	景山	大内御苑	北京	《景山》	[日]冈田玉山　等 《唐土名胜图会》	版刻插图
8	西苑	大内御苑	北京	《西苑千尺雪图》	[清]董邦达	水墨横卷
				《太液池》	[日]冈田玉山　等 《唐土名胜图会》	版刻插图
				《蕉园盂兰会》	[日]冈田玉山　等 《唐土名胜图会》	版刻插图
				《金鳌归里》	[清]《鸿雪因缘图记》	版刻插图

表 2 离宫御苑图像信息表

序号	名称	园林类型	地点	图像	作者或来源	材料类型
1	华清宫	离宫御苑	西安	《唐华清宫图》	[清]《关中胜迹图志》	版刻插图
2	避暑山庄	离宫御苑	承德	《御制避暑山庄三十六景图》	[清] 沈嵛 绘	木刻版画 36 幅
				《避暑山庄七十二景诗》	[清] 钱维城	水墨册页 72 幅
				《避暑山庄图》	[清] 冷枚	水墨立轴
				《丽正门》《勤政殿》等	[清]《钦定热河志》	版刻插图 54 幅
3	圆明园	离宫御苑	北京	《圆明园四十景图》	[清] 唐岱、沈源	水墨册页 40 幅
				《御制圆明园四十景诗图》	[清] 沈源、孙祜 绘	木刻版画 40 幅
				《西洋楼铜版画》	[清] 伊兰泰 等	铜版画 20 幅
				《圆明园》	[日] 冈田玉山 等《唐土名胜图会》	版刻插图
				《长春园》	[日] 冈田玉山 等《唐土名胜图会》	版刻插图
4	清漪园	离宫御苑	北京	《清漪园》	[日] 冈田玉山 等《唐土名胜图会》	版刻插图
				《昆明湖》	[日] 冈田玉山 等《唐土名胜图会》	版刻插图
				《昆明望春》	[清]《鸿雪因缘图记》	版刻插图

表 3　行宫御苑图像信息表

序号	名称	园林类型	地点	图像	作者或来源	材料类型
1	金明池	行宫御苑	开封	《金明池夺标图》	[北宋]张择端	水墨
2	静宜园	行宫御苑	北京	《静宜园二十八景图》	[清]张若澄	水墨长卷
				《静宜园二十八景图》	[清]董邦达	水墨立轴
				《静宜园》	[日]冈田玉山　等《唐土名胜图会》	版刻插图
3	盘山行宫	行宫御苑	天津	《行宫全图》《静寄山庄》《太古云岚》等	[清]《钦定盘山志》	版刻插图 15 幅
4	喀喇河屯行宫	行宫御苑	承德	《喀喇河屯行宫》	[清]《钦定热河志》	版刻插图
5	王家营行宫	行宫御苑	承德	《王家营行宫》	[清]《钦定热河志》	版刻插图
6	常山峪行宫	行宫御苑	承德	《常山峪行宫》	[清]《钦定热河志》	版刻插图
7	巴克什营行宫	行宫御苑	承德	《巴克什营行宫》	[清]《钦定热河志》	版刻插图
8	两间房行宫	行宫御苑	承德	《两间房行宫》	[清]《钦定热河志》	版刻插图
9	钓鱼台行宫	行宫御苑	承德	《钓鱼台行宫》	[清]《钦定热河志》	版刻插图
10	黄土坎行宫	行宫御苑	承德	《黄土坎行宫》	[清]《钦定热河志》	版刻插图
11	中关行宫	行宫御苑	承德	《中关行宫》	[清]《钦定热河志》	版刻插图
12	什巴尔台行宫	行宫御苑	承德	《什巴尔台行宫》	[清]《钦定热河志》	版刻插图
13	波罗河屯行宫	行宫御苑	承德	《波罗河屯行宫》	[清]《钦定热河志》	版刻插图
14	张三营行宫	行宫御苑	承德	《张三营行宫》	[清]《钦定热河志》	版刻插图
15	济尔哈朗图行宫	行宫御苑	承德	《济尔哈朗图行宫》	[清]《钦定热河志》	版刻插图
16	阿穆呼朗图行宫	行宫御苑	承德	《阿穆呼朗图行宫》	[清]《钦定热河志》	版刻插图
17	涿州行宫	行宫御苑	涿州	《涿州行宫》	[清]《南巡盛典》	版刻插图
18	紫泉行宫	行宫御苑	高碑店	《紫泉行宫》	[清]《南巡盛典》	版刻插图
19	赵北口行宫	行宫御苑	任丘	《赵北口行宫》	[清]《南巡盛典》	版刻插图
20	思贤村行宫	行宫御苑	任丘	《思贤村行宫》	[清]《南巡盛典》	版刻插图

续表

序号	名称	园林类型	地点	图像	作者或来源	材料类型
21	太平庄行宫	行宫御苑	河间县	《太平庄行宫》	[清]《南巡盛典》	版刻插图
22	红杏园行宫	行宫御苑	沧州	《红杏园行宫》	[清]《南巡盛典》	版刻插图
23	绛河行宫	行宫御苑	河北景县	《绛河行宫》	[清]《南巡盛典》	版刻插图
24	德州行宫	行宫御苑	德州	《德州行宫》	[清]《南巡盛典》	版刻插图
25	晏子祠行宫	行宫御苑	齐河	《晏子祠行宫》	[清]《南巡盛典》	版刻插图
26	四贤祠行宫	行宫御苑	泰安	《四贤祠行宫》	[清]《南巡盛典》	版刻插图
27	古泮池行宫	行宫御苑	曲阜	《古泮池行宫》	[清]《南巡盛典》	版刻插图
28	泉林行宫	行宫御苑	泗水	《泉林行宫》	[清]《南巡盛典》	版刻插图
29	万松山行宫	行宫御苑	费县	《万松山行宫》	[清]《南巡盛典》	版刻插图
30	郯子花园行宫	行宫御苑	郯城	《郯子花园行宫》	[清]《南巡盛典》	版刻插图
31	天宁寺行宫	行宫御苑	扬州	《天宁寺行宫》	[清]《南巡盛典》	版刻插图
32	高旻寺行宫	行宫御苑	扬州	《高旻寺行宫》	[清]《南巡盛典》	版刻插图
33	寒山行宫	行宫御苑	苏州	《寒山别墅》	[清]《南巡盛典》	版刻插图
34	江宁行宫	行宫御苑	南京	《江宁行宫》	[清]《南巡盛典》	版刻插图
35	栖霞行宫	行宫御苑	南京	《栖霞行宫》	[清]《南巡盛典》	版刻插图
36	西湖行宫	行宫御苑	杭州	《西湖行宫》	[清]《南巡盛典》	版刻插图
37	黄新庄行宫	行宫御苑	良乡县	《黄新庄行宫》	[清]《西巡盛典》	版刻插图

续表

序号	名称	园林类型	地点	图像	作者或来源	材料类型
38	半壁店行宫	行宫御苑	南正村、北正村	《半壁店行宫》	[清]《西巡盛典》	版刻插图
39	秋涧行宫	行宫御苑	秋涧村	《秋涧行宫》	[清]《西巡盛典》	版刻插图
40	梁各庄行宫	行宫御苑	易州	《梁各庄行宫》	[清]《西巡盛典》	版刻插图
41	大教场行宫	行宫御苑	阜平县	《大教场行宫》	[清]《西巡盛典》	版刻插图
42	台麓寺行宫	行宫御苑	台怀镇	《台麓寺行宫》	[清]《西巡盛典》	版刻插图
43	白云寺行宫	行宫御苑	台怀镇	《白云寺行宫》	[清]《西巡盛典》	版刻插图
44	台怀镇行宫	行宫御苑	台怀镇	《台怀镇行宫》	[清]《西巡盛典》	版刻插图
45	隆兴寺行宫	行宫御苑	正定	《隆兴寺行宫》	[清]《西巡盛典》	版刻插图
46	众春园行宫	行宫御苑	定州	《众春园行宫》	[清]《西巡盛典》	版刻插图
47	莲花池行宫	行宫御苑	保定	《春午坡》等	[清]《莲池行宫十二景图咏》	木刻版画11幅
				《春午坡》等	[清]刘氏　重绘《莲池行宫十二景图咏》	纸本工笔设色画12幅
				《临漪亭行宫》	[清]《西巡盛典》	版刻插图
				《莲花池》	[清]《西巡盛典》	版刻插图
				《古莲花池全景图》	[清]佚名	绢本设色水墨

表 4　名山图像信息表

序号	名称	园林类型	地点	图像	作者或来源	材料类型
1	泰山	名山	山东泰安	《岱宗图》	[明]《新镌海内奇观》	版刻插图
				《泰岳》	[明]《名山图》	版刻插图
				《泰岳》《红门》《玉皇庙》《朝阳洞》《岱顶行宫》	[清]《南巡盛典》	版刻插图5幅
				《海岳浴日》《后坞养云》《石峪拓经》	[清]《鸿雪因缘图记》	版刻插图3幅
				《东岳泰山》	[清]《天下名山图咏》	版刻插图
2	华山	名山	陕西	《华岳图》	[明]《新镌海内奇观》	版刻插图
				《华岳》	[明]《名山图》	版刻插图
				《华岳图》	[清]《关中胜迹图志》	版刻插图
				《西岳华山》	[清]《天下名山图咏》	版刻插图
3	衡山	名山	湖南	《衡岳图》	[明]《新镌海内奇观》	版刻插图
				《衡岳》	[明]《名山图》	版刻插图
				《南岳衡山》	[清]《天下名山图咏》	版刻插图
4	恒山	名山	山西	《恒岳图》	[明]《新镌海内奇观》	版刻插图
				《恒岳》	[明]《名山图》	版刻插图
				《北岳恒山》	[清]《天下名山图咏》	版刻插图
5	嵩山	名山	河南	《嵩岳图》	[明]《新镌海内奇观》	版刻插图
				《嵩岳》	[明]《名山图》	版刻插图
				《中岳嵩山》	[清]《天下名山图咏》	版刻插图
6	黄山	名山	安徽	《黄山图》	[明]《新镌海内奇观》	版刻插图
				《黄山》	[明]《名山图》	版刻插图
				《天门松》等	[清]郑旼《黄山八景》	水墨册页8幅

续表

序号	名称	园林类型	地点	图像	作者或来源	材料类型
6	黄山	名山	安徽	《阮溪》等	[清]《黄山图》	木刻版画 32 幅
				《黄山》 《黄山石笋矼》	[清]《古歙山川图》	版刻插图 2 幅
				无题	[清]《黄山志》	版刻插图 15 幅
				《云门拄杖》等	[清]《鸿雪因缘图记》	版刻插图 4 幅
7	庐山	名山	江西	《匡庐山图》	[明]《新镌海内奇观》	版刻插图
				《匡庐》	[明]《名山图》	版刻插图
8	雁荡山	名山	浙江	《宝冠寺》等	[明]《新镌海内奇观》	版刻插图 20 幅
				《雁宕》《龙湫》	[明]《名山图》	版刻插图 2 幅
				《雁宕八景图》	[明]杨文骢	水墨 4 幅
9	五台山	名山	山西	《五台山图》	[明]《新镌海内奇观》	版刻插图
				《五台》	[明]《名山图》	版刻插图
				《东台顶》等	[清]《西巡盛典》	版刻插图 5 幅
10	普陀山	名山	浙江	《补陀洛伽山图》	[明]《新镌海内奇观》	木刻版画长卷
				《普陀落迦山》等	[清]《南海普陀山志》	版刻插图 13 幅
				《普陀山》	[清]《天下名山图咏》	版刻插图
11	峨眉山	名山	四川	《峨眉山图》	[明]《新镌海内奇观》	版刻插图
				《峨眉》	[明]《名山图》	版刻插图
				《峨眉山》	[清]《天下名山图咏》	版刻插图
12	九华山	名山	安徽	《九华》	[明]《名山图》	版刻插图
				《九子山》	[清]《天下名山图咏》	版刻插图
13	武当山	名山	湖北	《太和山宫观总图》	[明]《新镌海内奇观》	版刻插图 8 幅
				《武当》	[明]《名山图》	版刻插图
				《武当山》	[清]《天下名山图咏》	版刻插图
14	西樵山	名山	广东	《西樵全图》等	[清]《西樵游览记》	版刻插图 22 幅
15	盘山	名山	天津	《盘山》	[明]《名山图》	版刻插图
				《天成寺》等	[清]《钦定盘山志》	版刻插图 24 幅
				《天成访医》等	[清]《鸿雪因缘图记》	版刻插图 4 幅

续表

序号	名称	园林类型	地点	图像	作者或来源	材料类型
15	盘山	名山	天津	《盘山》	［日］冈田玉山　等《唐土名胜图会》	版刻插图
				《盘山》	［清］《天下名山图咏》	版刻插图
16	终南山	名山	陕西	《终南山图》《南五台图》等	［清］《关中胜迹图志》	版刻插图 3 幅
17	终南山	名山	陕西	《终南山》	［清］《天下名山图咏》	版刻插图
18	太行山	名山	跨北京、河北、山西、河南	《太行》	［明］《名山图》	版刻插图
				《西山图》	［明］《新镌海内奇观》	版刻插图
				《西山》《太行山》	［清］《天下名山图咏》	版刻插图 2 幅
19	燕山	名山	湖南	《燕山》	［明］《名山图》	版刻插图
				《燕山》	［清］《天下名山图咏》	版刻插图
				《琼岛春阴》等	［清］张若澄《燕山八景》	水墨册页 8 幅
20	齐云山	名山	安徽	《白岳图》	［明］《新镌海内奇观》	版刻长卷
				《白岳》	［明］《名山图》	版刻插图
				《白岳祈年》	［清］《鸿雪因缘图记》	版刻插图
21	当涂、芜湖、繁昌诸山	名山	安徽	《青山图》等	［清］萧云从《太平山水诗画》	版画 24 幅
22	歙县诸山	名山	安徽	《东山》等	［清］《古歙山川图》	版画 10 幅
23	天台山	名山	浙江	《赤城餐霞》《石梁悬瀑》	［清］《鸿雪因缘图记》	版刻插图 2 幅
				《天台山》	［清］《天下名山图咏》	版刻插图
24	茅山	名山	江苏	《茅山图》	［明］《新镌海内奇观》	版刻长卷
				《茅山》	［明］《名山图》	版刻插图
				《茅山》	［清］《天下名山图咏》	版刻插图
25	云台山	名山	江苏	《凤凰城图》等	［清］《云台山志》	版刻插图 24 幅

续表

序号	名称	园林类型	地点	图像	作者或来源	材料类型
26	包山	名山	苏州	《包山》	[明]《名山图》	版刻插图
27	浮槎山	名山	安徽	《浮槎山》	[明]《名山图》	版刻插图
28	青田山	名山	浙江	《石门》	[明]《名山图》	版刻插图
29	武夷山	名山	福建	《武夷山图》	[明]《新镌海内奇观》	版刻插图2幅
30	武夷山	名山	福建	《武夷》	[明]《名山图》	版刻插图
				《武夷山》	[清]《天下名山图咏》	版刻插图
31	桂海	山水名胜	桂林	《桂海图》	[明]《新镌海内奇观》	版刻插图
32	点苍山	名山	跨北京、河北、山西、河南	《点苍山图》	[明]《新镌海内奇观》	版刻插图
				《点苍山》	[明]《名山图》	版刻插图
				《点苍山》	[清]《天下名山图咏》	版刻插图
33	丫髻山	名山	怀柔	《丫髻进香》	[清]《鸿雪因缘图记》	版刻插图
34	大伾山	名山	河南	《大伾观河》	[清]《鸿雪因缘图记》	版刻插图
				《大伾山》	[清]《天下名山图咏》	版刻插图
35	玉屏山	名山	贵州	《玉屏问俗》	[清]《鸿雪因缘图记》	版刻插图
36	黔灵山	名山	贵州	《黔灵验泉》	[清]《鸿雪因缘图记》	版刻插图
37	双狮山	名山	贵州	《狮岩趺坐》	[清]《鸿雪因缘图记》	版刻插图
38	酉山	名山	湖南	《酉山鼓棹》	[清]《鸿雪因缘图记》	版刻插图
39	孤山	名山	杭州	《孤山》	[明]孙枝《西湖纪胜图》	水墨册页
				《梅林归鹤》	[清]《南巡盛典》	版刻插图
40	北高峰	名山	杭州	《北高峰》	[清]《南巡盛典》	版刻插图
				《韬光观海》	[清]《南巡盛典》	版刻插图
				《韬光踏翠》	[清]《鸿雪因缘图记》	版刻插图

续表

序号	名称	园林类型	地点	图像	作者或来源	材料类型
41	凤凰山	名山	杭州	《凤凰山》	[清]《南巡盛典》	版刻插图
42	石钟山	名山	江西	《石钟山》	[明]《名山图》	版刻插图
43	罗浮山	名山	广东	《罗浮》	[明]《名山图》	版刻插图
				《罗浮山》	[清]《天下名山图咏》	版刻插图
44	青城山	名山	四川	《青城山》	[明]《名山图》	版刻插图
				《青城山》	[清]《天下名山图咏》	版刻插图
45	天目山	名山	杭州	《天目》	[明]《名山图》	版刻插图
				《天目山》	[清]《天下名山图咏》	版刻插图
46	九峰三泖	名山	松江	《九峰三泖》	[明]《名山图》	版刻插图
				《九峰》	[清]《天下名山图咏》	版刻插图
47	浮山	名山	安徽	《浮山图》	[明]《新镌海内奇观》	版刻插图
				《浮度山》	[清]《天下名山图咏》	版刻插图
48	麻姑山	名山	江西	《麻姑山图》	[明]《三才图会》	版刻插图
				《麻姑山图》	[明]《新镌海内奇观》	版刻插图
49	从姑山	名山	江西	《从姑山图》	[明]《新镌海内奇观》	版刻插图

表5　名水图像信息表

序号	名称	园林类型	地点	图像	作者或来源	材料类型
1	大明湖	名湖	济南	《明湖放棹》	[清]《鸿雪因缘图记》	版刻插图
2	前湖	名湖	北京	《平安就日》	[清]《鸿雪因缘图记》	版刻插图
3	百泉湖	名湖	河南	《苏门咏泉》	[清]《鸿雪因缘图记》	版刻插图
4	西溪	名溪	杭州	《西溪巡梅》	[清]《鸿雪因缘图记》	版刻插图
5	虎跑泉	名泉	杭州	《虎跑泉》	[明]孙枝《西湖纪胜图》	水墨册页
				《虎跑泉》	[清]《南巡盛典》	版刻插图
6	龙井	名井	杭州	《龙井》	[清]《南巡盛典》	版刻插图
7	六一泉	名泉	杭州	《六一泉》	[清]《南巡盛典》	版刻插图
8	钱塘江	名江	浙江	《浙江秋涛》	[清]《南巡盛典》	版刻插图
				《钱塘观潮》	[清]《鸿雪因缘图记》	版刻插图
				《钱塘观潮》	[清]《水流云在图》	版刻插图
9	南池	名池	济宁	《南池》	[清]《南巡盛典》	版刻插图
				《南池志喜》	[清]《鸿雪因缘图记》	版刻插图
10	仙游潭	名潭	陕西	《仙游潭图》	[清]《关中胜迹图志》	版刻插图
11	龙门伊水	名河	陕西	《龙门》	[清]《关中胜迹图志》	版刻插图
				《伊阙证游》	[清]《鸿雪因缘图记》	版刻插图
				《龙门山》	[清]《天下名山图咏》	版刻插图
12	九鲤湖	名湖	仙游县	《九鲤湖图》	[明]《三才图会》	版刻插图
				《九鲤湖图》	[明]《新镌海内奇观》	版刻插图
13	磻溪	名溪	宝鸡	《磻溪图》	[明]《三才图会》	版刻插图
14	桃花源	名江	安徽黟县	《桃谷奉舆》	[清]《鸿雪因缘图记》	版刻插图
15	桃花源	名江	湖南武陵	《桃源问津》	[清]《鸿雪因缘图记》	版刻插图
				《桃源佳致》	[清]《水流云在图》	版刻插图
16	新安江	名江	歙县	《新安江》	[清]《古歙山川图》	版刻插图
17	三峡	名江	重庆、四川、湖北	《三峡图》	[明]《新镌海内奇观》	版刻插图
				《三峡》	[明]《名山图》	版刻插图
18	西湖	名湖	杭州	《四景山水图》	[南宋]刘松年	水墨横卷4幅
				《苏堤春晓》等	[明]《西湖志类钞》	版刻插图10幅
				《西湖十景图》	[清]王原祁	水墨横卷
				《苏堤春晓》等	[清]《南巡盛典》	版刻插图10幅
				《西湖三十二景图》	[清]钱维城	水墨册页32幅
				《六桥问柳》《西湖问水》	[清]《鸿雪因缘图记》	版刻插图2幅

表 6　名洞、名石图像信息表

序号	名称	园林类型	地点	图像	作者或来源	材料类型
1	烟霞洞	名洞	杭州	《烟霞洞》	[明] 孙枝《西湖纪胜图》	水墨册页
2	石屋洞	名洞	杭州	《石屋》	[明] 孙枝《西湖纪胜图》	水墨册页
3	水乐洞	名洞	杭州	《水乐洞》	[清]《南巡盛典》	版刻插图
4	瑞石洞	名洞	杭州	《瑞石洞》	[清]《南巡盛典》	版刻插图
5	紫云洞、黄龙洞	名洞	杭州	《黄山积翠》	[清]《南巡盛典》	版刻插图
6	石门洞	名洞	青田	《石门跃鲤》	[清]《鸿雪因缘图记》	版刻插图
7	甓子洞	名洞	沅陵	《明月证经》	[清]《鸿雪因缘图记》	版刻插图
8	牟珠洞	名洞	贵定	《牟珠探洞》	[清]《鸿雪因缘图记》	版刻插图
9	阿庐三洞	名洞	云南	《阿庐三洞》	[明]《名山图》	版刻插图
10	飞云岩	名石	贵州	《飞云岩》	[明]《名山图》	版刻插图
				《飞云揽胜》	[清]《鸿雪因缘图记》	版刻插图
				《飞云题石》	[清]《水流云在图》	版刻插图
11	泸溪机岩	名石	泸溪	《机岩志异》	[清]《鸿雪因缘图记》	版刻插图
12	采石矶	名石	马鞍山市	《采石图》《牛渚矶图》	[清] 萧云从《太平山水诗画》	版画 2 幅
				《采石放渡》	[清]《鸿雪因缘图记》	版刻插图
				《采石矶》	[清]《天下名山图咏》	版刻插图
13	灵泽矶	名石	芜湖	《灵泽矶图》	[清] 萧云从《太平山水诗画》	山水版画
14	坂子矶	名石	繁昌	《坂子矶图》	[清] 萧云从《太平山水诗画》	山水版画

表7　楼亭台塔图像信息表

序号	名称	园林类型	地点	图像	作者或来源	材料类型
1	太白楼	名楼	济宁	《太白楼图》	[明]《三才图会》	版刻插图
				《太白楼》	[清]《南巡盛典》	版刻插图
2	光岳楼	名楼	东昌	《光岳楼》	[清]《南巡盛典》	版刻插图
3	烟雨楼	名楼	嘉兴	《烟雨楼》	[清]《南巡盛典》	版刻插图
4	丰乐楼	名楼	杭州	《丰乐楼》	[元]夏永	水墨
5	甲秀楼	名楼	贵阳	《甲秀赏秋》	[清]《鸿雪因缘图记》	版刻插图
6	滕王阁	名阁	南昌	《滕王阁图》	[明]《新镌海内奇观》	版刻插图
7	叠嶂楼	名楼	宣城	《叠嶂楼图》	[明]《三才图会》	版刻插图
8	黄鹤楼	名楼	武昌	《黄鹤楼图》	[明]《三才图会》	版刻插图
9	望海楼	名楼	天津	《津门竞渡》	[清]《鸿雪因缘图记》	版刻插图
10	岳阳楼	名楼	岳阳	《岳阳楼》	[元]夏永	水墨
				《岳阳楼图》	[明]《新镌海内奇观》	版刻插图
				《岳阳楼图》	[明]《三才图会》	版刻插图
				《岳阳》	[明]《名山图》	版刻插图
				《岳阳登楼》	[清]《水流云在图》	版刻插图
11	东皋梦日亭	名亭	芜湖	《东皋梦日亭图》	[清]萧云从《太平山水诗画》	山水版画
12	吴波亭	名亭	芜湖	《吴波亭图》	[清]萧云从《太平山水诗画》	山水版画
13	雄观亭	名亭	芜湖	《雄观亭图》	[清]萧云从《太平山水诗画》	山水版画
14	兰亭	名亭	绍兴	《兰亭寻胜》	[清]《鸿雪因缘图记》	版刻插图
15	灵台	名台	陕西	《灵台图》	[清]《关中胜迹图志》	版刻插图
16	吹台	名台	开封	《吹台访古》	[清]《鸿雪因缘图记》	版刻插图
17	平成台	名台	江苏	《平成济美》	[清]《鸿雪因缘图记》	版刻插图
18	万寿寺戒台	名台	北京	《戒台玩松》	[清]《鸿雪因缘图记》	版刻插图
19	大观台	名台	安庆	《大观醉雪》	[清]《鸿雪因缘图记》	版刻插图
20	郊劳台	名台	良乡	《郊劳台》	[清]《南巡盛典》	版刻插图
21	永嘉双塔	名塔	温州	《永嘉登塔》	[清]《鸿雪因缘图记》	版刻插图
22	镇海塔	名塔	海宁	《镇海塔院》	[清]《南巡盛典》	版刻插图
23	甘露寺铁塔	名塔	开封	《铁塔眺远》	[清]《鸿雪因缘图记》	版刻插图

表 8　私家园林图像信息表

序号	名称	园林类型	地点	图像	作者或来源	材料类型
1	辋川别业	私家园林	陕西	《辋川十景图》	[明] 仇英	水墨长卷
				《辋川图》	[明]《三才图会》	版刻插图
				《辋川图》	[清] 王原祁	水墨长卷
				《辋川图》	[清]《关中胜迹图志》	版刻插图 4 幅
2	北园	私家园林	繁昌	《北园载酒图》	[清] 萧云从《太平山水诗画》	版刻插图
3	坐隐园	私家园林	休宁	《环翠堂园景图》	[明] 钱贡	版刻长卷
4	寄畅园	私家园林	无锡	《寄畅园五十景图》	[明] 宋懋晋	水墨册页 50 幅
				《寄畅园》	[清]《南巡盛典》	版刻插图
5	东庄	私家园林	苏州	《东庄图》	[明] 沈周	水墨册页 21 幅
6	拙政园	私家园林	苏州	《拙政园三十一景图》	[明] 文徵明	水墨册页 31 幅
7	东园	私家园林	南京	《东园图》	[明] 文徵明	水墨设色
8	西林园	私家园林	无锡	《西林园景图》	[明] 张复	水墨册页 16 幅
9	水香园	私家园林	徽州	无题	[清]《古歙山川图》	版刻插图 1 幅
10	小有天园	私家园林	杭州	《小有天园》	[清]《南巡盛典》	版刻插图 1 幅
11	留余山居	私家园林	杭州	《留余山居》	[清]《南巡盛典》	版刻插图 1 幅
12	漪园	私家园林	杭州	《漪园》	[清]《南巡盛典》	版刻插图 1 幅
13	吟香别业	私家园林	杭州	《吟香别业》	[清]《南巡盛典》	版刻插图 1 幅
14	安澜园	私家园林	海宁	《安澜园》	[清]《南巡盛典》	版刻插图 1 幅
15	半亩园	私家园林	北京	《半亩营园》《退思夜读》《近光伫月》等	[清]《鸿雪因缘图记》	版刻插图 3 幅

续表

序号	名称	园林类型	地点	图像	作者或来源	材料类型
16	瞻园	私家园林	南京	《瞻园图》	[清]袁江	水墨横卷
17	怡园	私家园林	苏州	《怡园图册》	[清]顾沄	水墨册页 20幅
18	狮子林	私家园林	苏州	《师林十二景图》	[明]徐贲 原作 清人 摹刻	版刻插图 12幅
				《狮子林》	[清]《南巡盛典》	版刻插图 1幅
				《狮子林图》	[清]钱维城	水墨1幅
				《狮林拜石》	[清]《水流云在图》	版刻插图 1幅
19	西园	私家园林	扬州	《平山堂图志》	[清]赵之壁	版刻长卷
				《西园曲水》	[清]《江南园林胜景图》	水墨册页
20	水竹居	私家园林	扬州	《平山堂图志》	[清]赵之壁	版刻长卷
				《御题水竹居》	[清]《江南园林胜景图》	水墨册页
21	锦泉花屿	私家园林	扬州	《平山堂图志》	[清]赵之壁	版刻长卷
				《锦泉花屿》	[清]《江南园林胜景图》	水墨册页
22	蜀冈朝旭	私家园林	扬州	《平山堂图志》	[清]赵之壁	版刻长卷
				《蜀冈朝旭》	[清]《江南园林胜景图》	水墨册页
				《御题高咏楼》	[清]《江南园林胜景图》	水墨册页
23	筱园	私家园林	扬州	《平山堂图志》	[清]赵之壁	版刻长卷
				《筱园花瑞》	[清]《江南园林胜景图》	水墨册页
24	倚虹园	私家园林	扬州	《平山堂图志》	[清]赵之壁	版刻长卷
				《御题倚虹园》	[清]《江南园林胜景图》	水墨册页
25	九峰园	私家园林	扬州	《平山堂图志》	[清]赵之壁	版刻长卷
				《御题九峰园》	[清]《江南园林胜景图》	水墨册页
26	康山草堂	私家园林	扬州	《康山》	[清]《江南园林胜景图》	水墨册页
				《康山拂槎》	[清]《鸿雪因缘图记》	版刻插图
27	古郧园	私家园林	扬州	《平山堂图志》	[清]赵之壁	版刻长卷
				《卷石洞天》	[清]《江南园林胜景图》	水墨册页
28	贺氏东园	私家园林	扬州	《邗江胜览图》	[清]袁耀	水墨设色
				《东园图》	[清]袁耀	版刻插图 12幅
29	文园	私家园林	南通	《课子读书堂》《念竹廊》《紫云白云仙槎》《韵石山房》《一枝龛》《小山泉阁》《浴月楼》《读梅书屋》《碧梧深处》《归帆亭》	[清]《汪氏两园图咏合刻》	版刻插图 10幅
30	绿净园	私家园林	南通	《竹香斋》《药栏》《古香书屋》《一篑亭》	[清]《汪氏两园图咏合刻》	版刻插图 4幅

表9　寺观园林图像信息表

序号	名称	园林类型	地点	图像	作者或来源	材料类型
1	宏恩寺	寺观园林	北京	《宏恩寺》	[清]《南巡盛典》	版刻插图
2	开福寺	寺观园林	河北	《开福寺》	[清]《南巡盛典》	版刻插图
3	岱庙	寺观园林	泰安	《岱庙》	[清]《南巡盛典》	版刻插图
4	孔庙	寺观园林	曲阜	《孔庙》	[清]《南巡盛典》	版刻插图
5	孟庙	寺观园林	邹县	《孟庙》	[清]《南巡盛典》	版刻插图
6	法相寺	寺观园林	杭州	《法相寺》	[明]孙枝《西湖纪胜图》	水墨册页
7	天竺三寺	寺观园林	杭州	《上天竺》	[明]孙枝《西湖纪胜图》	水墨册页
8	云栖寺	寺观园林	杭州	《云栖寺》	[清]《南巡盛典》	版刻插图
9	灵隐寺	寺观园林	杭州	《灵隐寺》	[明]孙枝《西湖纪胜图》	版刻插图
				《云林寺》	[清]《南巡盛典》	水墨册页
				《灵隐探云》	[清]《水流云在图》	版刻插图
10	昭庆寺	寺观园林	杭州	《昭庆寺》	[清]《南巡盛典》	版刻插图
11	理安寺	寺观园林	杭州	《理安寺》	[清]《南巡盛典》	版刻插图
12	宗阳宫	寺观园林	杭州	《宗阳宫》	[清]《南巡盛典》	版刻插图
13	法云寺	寺观园林	杭州	《高丽寺》	[明]孙枝《西湖纪胜图》	版刻插图
				《法云寺》	[清]《南巡盛典》	水墨册页
14	大佛寺	寺观园林	杭州	《大佛寺》	[明]孙枝《西湖纪胜图》	水墨册页
				《大佛寺》	[清]《南巡盛典》	版刻插图
15	净慈寺	寺观园林	杭州	《净慈禅坐》	[清]《鸿雪因缘图记》	版刻插图
				《净慈礼佛》	[清]《水流云在图》	版刻插图
16	清涟寺	寺观园林	杭州	《玉泉鱼跃》	[清]《南巡盛典》	版刻插图
				《玉泉引鱼》	[清]《鸿雪因缘图记》	版刻插图
17	灵济祠	寺观园林	唐县	《灵济祠》	[清]《西巡盛典》	版刻插图

续表

序号	名称	园林类型	地点	图像	作者或来源	材料类型
18	普佑寺	寺观园林	阜平县	《普佑寺》	[清]《西巡盛典》	版刻插图
19	招提寺	寺观园林	阜平县	《招提寺》	[清]《西巡盛典》	版刻插图
20	印石寺	寺观园林	阜平县	《印石寺》	[清]《西巡盛典》	版刻插图
21	涌泉寺	寺观园林	五台县	《涌泉寺》	[清]《西巡盛典》	版刻插图
22	镇海寺	寺观园林	五台县	《镇海寺》	[清]《西巡盛典》	版刻插图
23	殊像寺	寺观园林	五台县	《殊像寺》	[清]《西巡盛典》	版刻插图
24	大文殊寺	寺观园林	五台县	《菩萨顶》	[清]《西巡盛典》	版刻插图
25	黛螺顶	寺观园林	五台县	《大螺顶》	[清]《西巡盛典》	版刻插图
26	金刚窟般若寺	寺观园林	五台县	《金刚窟》	[清]《西巡盛典》	版刻插图
27	普乐院	寺观园林	五台县	《普乐院》	[清]《西巡盛典》	版刻插图
28	罗睺寺	寺观园林	五台县	《罗睺寺》	[清]《西巡盛典》	版刻插图
29	显通寺	寺观园林	五台县	《显通寺》	[清]《西巡盛典》	版刻插图
30	塔院寺	寺观园林	五台县	《塔院寺》	[清]《西巡盛典》	版刻插图
31	玉花池	寺观园林	五台县	《玉花池》	[清]《西巡盛典》	版刻插图
32	寿宁寺	寺观园林	五台县	《寿宁寺》	[清]《西巡盛典》	版刻插图
33	崇因寺	寺观园林	正定县	《崇因寺》	[清]《西巡盛典》	版刻插图
34	大慈阁	寺观园林	保定	《大慈阁》	[清]《西巡盛典》	版刻插图

续表

序号	名称	园林类型	地点	图像	作者或来源	材料类型
35	慈恩寺	寺观园林	西安	《慈恩寺》	[清]《关中胜迹图志》	版刻插图
36	荐福寺	寺观园林	西安	《荐福寺》	[清]《关中胜迹图志》	版刻插图
37	永佑寺	寺观园林	承德	《永佑寺》	[清]《钦定热河志》	版刻插图
38	水月庵	寺观园林	承德	《水月庵》	[清]《钦定热河志》	版刻插图
39	鹫云寺	寺观园林	承德	《鹫云寺》	[清]《钦定热河志》	版刻插图
40	珠源寺	寺观园林	承德	《珠源寺》	[清]《钦定热河志》	版刻插图
41	斗姥阁	寺观园林	承德	《斗姥阁》	[清]《钦定热河志》	版刻插图
42	溥仁寺	寺观园林	承德	《溥仁寺》	[清]《钦定热河志》	版刻插图
43	溥善寺	寺观园林	承德	《溥善寺》	[清]《钦定热河志》	版刻插图
44	普宁寺	寺观园林	承德	《普宁寺》	[清]《钦定热河志》	版刻插图
45	普佑寺	寺观园林	承德	《普佑寺》	[清]《钦定热河志》	版刻插图
46	安远庙	寺观园林	承德	《安远庙》	[清]《钦定热河志》	版刻插图
47	普乐寺	寺观园林	承德	《普乐寺》	[清]《钦定热河志》	版刻插图
48	普陀宗乘之庙	寺观园林	承德	《普陀宗乘之庙》	[清]《钦定热河志》	版刻插图
49	殊像寺	寺观园林	承德	《殊像寺》	[清]《钦定热河志》	版刻插图
50	罗汉堂	寺观园林	承德	《罗汉堂》	[清]《钦定热河志》	版刻插图
51	须弥福寿之庙	寺观园林	承德	《须弥福寿之庙》	[清]《钦定热河志》	版刻插图

续表

序号	名称	园林类型	地点	图像	作者或来源	材料类型
52	广元宫	寺观园林	承德	《广元宫》	[清]《钦定热河志》	版刻插图
53	穹览寺	寺观园林	承德	《穹览寺》	[清]《钦定热河志》	版刻插图
54	琳霄观	寺观园林	承德	《琳霄观》	[清]《钦定热河志》	版刻插图
55	潭柘寺	寺观园林	北京	《潭柘寻秋》	[清]《鸿雪因缘图记》	版刻插图
				《猗玕流觞》	[清]《鸿雪因缘图记》	版刻插图
56	灵光寺	寺观园林	北京	《灵光指径》	[清]《鸿雪因缘图记》	版刻插图
57	证果寺	寺观园林	北京	《秘魔三宿》	[清]《鸿雪因缘图记》	版刻插图
58	香界寺	寺观园林	北京	《香界重游》	[清]《鸿雪因缘图记》	版刻插图
59	五塔寺	寺观园林	北京	《五塔观乐》	[清]《鸿雪因缘图记》	版刻插图
60	宝藏寺	寺观园林	北京	《宝藏攀桂》	[清]《鸿雪因缘图记》	版刻插图
61	卧佛寺	寺观园林	北京	《卧佛遇雨》	[清]《鸿雪因缘图记》	版刻插图
62	碧云寺	寺观园林	北京	《碧云抚狮》	[清]《鸿雪因缘图记》	版刻插图
63	大觉寺	寺观园林	北京	《大觉卧游》	[清]《鸿雪因缘图记》	版刻插图
64	大相国寺	寺观园林	开封	《相国感荫》	[清]《鸿雪因缘图记》	版刻插图
65	元妙观	寺观园林	南阳	《元妙寻蕉》	[清]《鸿雪因缘图记》	版刻插图

金鳌歸里

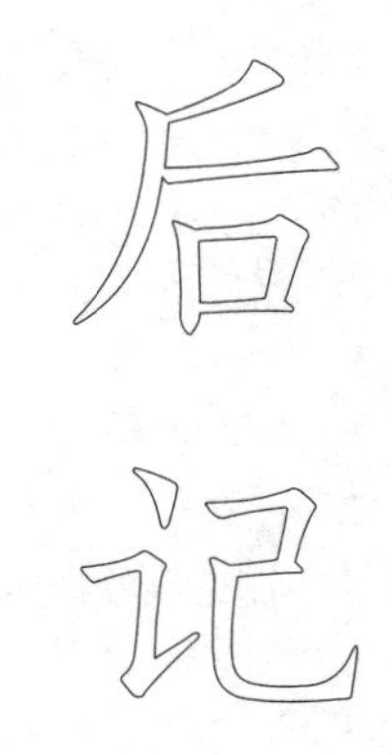

中国古典园林是中华优秀传统文化的重要组成部分。自夏商周开始，中华文明数千年的历史长河中涌现出无数的历史名园。这些园林承载了诸多功能，蕴含着丰富精巧的造园技艺，形成了多样化的风格流派。然而，古典园林难以留存，其景观风貌和营造信息只能通过图像与文字留存传播。

古典园林图像具有巨大的魅力。早在学生时代，我就曾醉心于临摹中国古代园林绘画，认真学习、领会古人的构图方法和建筑、草木、山石的勾绘技巧。近年来，随着我逐步将研究重心转向风景园林史论方向，得以从历史学、园林学、图像学的角度重新认识古典园林图像。

园林图像具有园林和图像的两重性。中国悠久的造园传统、丰富的地域风土特征孕育了多样化的造园风格。另外，发达的绘画和雕版印刷技艺，产生了大量的水墨和版刻图像作品。园林和图像的发展，共同推动形成了园林图像的多样化面貌。要了解这种多样性，就需要结合园林主题性和图像视觉呈现两个角度进行观察分析，从中浮现出历史性、民族性、文化性、地域性等特征。

本书的目的和方法见于绪论。通过对本人多年收集的园林图像进行整理，将其置于类别和主题的框架之中，进而运用图像学的方法，结合相关的文献史料，分析并诠释图像内容，从而呈现出中国园林和园林图像的丰富内涵与面貌。本研究正是基于这个初衷逐步推进的。近年来关于图像和相关史料的出版成果非常丰富，从中可以有针对性地搜集园林图像资料，实地调研也较以前方便了很多。

本书是否能达到预期的目的，还有待专家与读者诸贤批评指正。如果本书能够对中国古典园林图像尚未开拓的领域或者研究方法有所贡献的话，本人将感到无比欣慰。

本书得以刊行，应感谢在本人学习和研究历程中所有指导过并帮助过本人的师长。在此按照时间顺序列举如下：

自小学开始，本人跟随董叔我与季致远夫妇学习绘画，具备了初步的美术素养和素描色彩基本技能。

高中期间受教于美术家柴海利老师。本科在南京师范大学美术系学习，受教于高柏年、毕宝祥、陈传席、左庄伟、吴唯佳、钱峰、徐明华等诸位任课老师。其间多次得到江苏美术出版社程大利老师、浙江美术学院张正民的专业帮助。在此阶段获得了较为系统的美术技能和中外美术史知识。

硕博研究生期间，分别受到日本筑波大学铃木雅和和南京大学顾朝林老师的悉心指导，学到了造园学、地理学、地理信息系统技术等更为广阔视野下的研究方法和技能。

2013年，有幸结识南京大学韩丛耀老师，参与其主持的“中国图像文化史”研究工作，使我对图像学有了进一步了解。

在此特别感谢我的家人。感谢父母一直以来对我的严格教育和无私支持。感谢我的兄弟，长期对我的帮助。感谢我的妻子，对我著书的支持。特别感谢我的女儿，为我带来很多快乐。没有他们的支持帮助，我无法完成本书的写作。

本书成稿之际，获得2021年度国家出版基金资助。在此感谢辽宁科学技术出版社杜丙旭及其出版团队的推荐和认真的编辑工作。

许浩

2021年6月5日于南京

参考文献

[1] (唐)张彦远.历代名画记[M].南京:江苏美术出版社,2007.
[2] (唐)王维.辋川集[C]//赵雪倩.中国历代园林图文精选·第一辑.上海:同济大学出版社,2005.
[3] (宋)张淏.艮岳记[C]//翁经方,翁经馥.中国历代园林图文精选·第二辑.上海:同济大学出版社,2005.
[4] (宋)孟元老.驾幸琼林苑[C]//翁经方,翁经馥.中国历代园林图文精选·第二辑.上海:同济大学出版社,2005.
[5] (宋)孟元老.三月一日开金明池琼林苑[C]//翁经方,翁经馥.中国历代园林图文精选·第二辑.上海:同济大学出版社,2005.
[6] (宋)周密.吴兴园林记[C]//翁经方,翁经馥.中国历代园林图文精选·第二辑.上海:同济大学出版社,2005.
[7] (宋)吴自牧.园囿[C]//翁经方,翁经馥.中国历代园林图文精选·第二辑.上海:同济大学出版社,2005.
[8] (宋)吴自牧.西湖[C]//翁经方,翁经馥.中国历代园林图文精选·第二辑.上海:同济大学出版社,2005.
[9] (宋)郑樵.通志[M].北京:中华书局,1987.
[10] (明)文徵明, 杨新编著.文徵明精品集[M].北京:人民美术出版社,1996.
[11] (明)文徵明, 卜复鸣注释.《拙政园图咏》注释[M].北京:中国建筑工业出版社,2012.
[12] (明)杨尔曾.新镌海内奇观[C]//孟白,刘托,周亦杨.中国古典风景园林图汇·第六册.北京:学苑出版社,2000.
[13] (明)王圻.三才图会[C]//孟白,刘托,周亦杨.中国古典风景园林图汇·第六册.北京:学苑出版社,2000.
[14] (明)张岱,林邦钧注评.《西湖梦寻》注评[M].上海:上海古籍出版社,2013.
[15] (明)释道恂辑.师子林纪胜集[M].扬州:广陵书社,2007.
[16] (明)王世贞.游金陵诸园记[C]//陈从周,蒋启霆.园综.赵厚均,注释.上海:同济大学出版社,2004.
[17] (清)俞樾.怡园记[C]//陈从周,蒋启霆.园综.赵厚均,注释.上海:同济大学出版社,2004.
[18] (清)李斗.扬州画舫录[C]//陈从周,蒋启霆.园综.赵厚均,注释.上海:同济大学出版社,2004.
[19] (清)毕沅,张沛校点.关中胜迹图志[M].西安:三秦出版社,2004.
[20] (清)麟庆.鸿雪因缘图记[M].北京:国家图书馆出版社,2011.

[21] (清)和珅,梁国治.钦定热河志[M].天津:天津古籍出版社,2002.
[22] (清)彭龄.西巡盛典[M].北京:北京古籍出版社,1996.
[23] (清)刘子秀, 黄享、谭药晨刊补.西樵游览记[M].桂林:广西师范大学出版社,2012.
[24] (清)蒋溥.钦定盘山志[C]//孟白,刘托,周亦杨.中国古典风景园林图汇·第四册.北京:学苑出版社,2000.
[25] (明)田汝成,尹晓宁点校.西湖游览志[M].上海:上海古籍出版社,2017.
[26] (清)翟灏,崔瀚.湖山便览[M].上海:上海古籍出版社,1998.
[27] (清)沈德潜,梁诗正.西湖志纂[M].杭州:浙江人民出版社,2016.
[28] (清)朱肇基.(乾隆)太平府志[C]//中国地方志集成.南京:江苏古籍出版社,1998.
[29] (清)崔应阶.云台山志[M].台湾:文海出版社,1983.
[30] (清)赵之壁.平山堂图志[M].北京:中国书店出版社,2012.
[31] (清)屈复.扬州东园记[C]//金晶.扬州园林文萃.扬州:广陵书社,2018.
[32] (清)徐三俊.临汾县志[M].北京:中国书店,1992.
[33] (清)李斗,许建中注评.扬州画舫录[M].南京:凤凰出版社,2013.
[34] (清)李斗,王军注评.扬州画舫录(插图本)[M].北京:中华书局,2007.
[35] (清)汪承镛.文园绿净园两园图记[C]//孟白,刘托,周亦杨.中国古典风景园林图汇·第三册.北京:学苑出版社,2000.
[36] (美)彼得·伯克,杨豫译.图像证史[M].北京:北京大学出版社,2008.
[37] (美)欧文·潘诺夫斯基,戚印平、范景中译.图像学研究:文艺复兴时期艺术的人文主题[M].上海:上海三联书店,2011.
[38] (美)高居翰,黄晓,刘珊珊.不朽的林泉[M].北京:生活·读书·新知三联书店,2012.
[39] (日)冈大路.中国宫苑园林史考[M].北京:学苑出版社,2008.
[40] (日)冈田玉山.唐土名胜图会[M].北京:北京古籍出版社,1985.
[41] (澳)安东篱, 李霞译.说扬州—1550—1850年的一座中国城市[M].北京:中华书局,2007.
[42] 汪菊渊.中国古代园林史(第二版)[M].北京:中国建筑工业出版社,2012.
[43] 杨鸿勋.江南园林论:中国古典造园艺术研究[M].上海:上海人民出版社,1994.
[44] 杨鸿勋.杭州雷峰塔复原研究[J].中国历史文物,2002(05):13-22.
[45] 南怀瑾.中国佛教发展史略[C]//南怀瑾.南怀瑾选集·第五卷.上海:复旦大学出版社,2013.
[46] 南怀瑾.中国道教发展史略(第二版)[M].上海:复旦大学出版社,2016.

[47] 童寯.江南园林志(第二版)[M].北京:中国建筑工业出版社,2014.
[48] 周维权.中国古典园林史(第二版)[M].北京:清华大学出版社,1999.
[49] 刘敦桢.苏州古典园林[M].北京:中国建筑工业出版社,2005.
[50] 彭一刚.中国古典园林分析[M].北京:中国建筑工业出版社,1986.
[51] 陈怀恩.图像学:视觉艺术的意义与解释[M].石家庄:河北美术出版社,2011.
[52] 梁思成.图像中国建筑史:关于中国建筑结构体系的发展及其形制的研究[M].北京:生活·读书·新知三联书店,2011.
[53] 梁思成.中国建筑史[M].天津:百花文艺出版社,2007.
[54] 罗哲文.中国古园林[M].北京:中国建筑工业出版社,1999.
[55] 杨仁恺.中国书画(修订本)[M].上海:上海古籍出版社,2001.
[56] 王璜生,胡光华.中国画艺术专史·山水卷[M].南昌:江西美术出版社,2008.
[57] 胡应麟.少室山房笔丛[M].上海:上海书店出版社,2001.
[58] 宿白.唐宋时期的雕版印刷[M].北京:生活·读书·新知三联书店,2020.
[59] 郑振铎.中国古代木刻画史略[M].上海:上海书店出版社,2006.
[60] 李茂增.宋元明清的版画艺术[M].郑州:大象出版社,2000.
[61] 翁连溪.清代宫廷版画[M].北京:文物出版社,2001.
[62] 南京孝陵博物馆.明孝陵[M].香港:香港国际出版社,2002.
[63] 中国建筑工业出版社.避暑山庄三十六景诗图·宫廷版[M].北京:中国建筑工业出版社,2009.
[64] 《避暑山庄七十二景》编委会.避暑山庄七十二景[M].北京:地质出版社,1993.
[65] 吴敢木.中国古代画家辞典[M].杭州:浙江人民出版社,2005.
[66] 孟白,刘托,周亦杨.中国古典风景园林图汇[M].北京:学苑出版社,2000.
[67] 圆明园管理处.圆明园百景图志[M].北京:中国大百科全书出版社,2010.
[68] 潘谷西.中国古代建筑史·第四卷·元明建筑[M].北京:中国建筑工业出版社,2009.
[69] 啸天.承德名胜[M].呼伦贝尔:内蒙古文化出版社,2007.
[70] 刘侗,于奕正.帝京景物略[M].上海:上海古籍出版社,2001.
[71] 孟繁峰.古莲花池[M].石家庄:河北人民出版社,1984.
[72] 辞海编辑委员会.辞海[M].上海:上海辞书出版社,1999.
[73] 韩欣.中国名山[M].北京:东方出版社,2005.
[74] 李振华,李乃杰.五岳探秘[M].济南:山东画报出版社,2007.
[75] 黄山志编纂委员会.黄山志[M].合肥:黄山书社,1988.
[76] 住房和城乡建设部风景名胜区管理办公室.风景名胜区[M].北京:中国建筑工业出版社,2013.
[77] 中国地理百科丛书编委会.燕山山脉(第二版)[M].广州:世界图书出版广东有限公司,2016.
[78] 蒋维乔.中国佛教史[M].北京:金城出版社,2014.
[79] 李浩.唐代园林别业考论(修订版)[M].西安:西北大学出版社,1996.
[80] 南京市地方志编纂委员会.南京园林志[M].北京:方志出版社,1997.

[81] 秦志豪.锡山秦氏寄畅园文献资料长编[M].上海:上海辞书出版社,2009.
[82] 袁培智.道德经的智慧[M].北京:中国长安出版社,2007.
[83] 朱江.扬州园林品赏录(第三版)[M].上海:上海文化出版社,2002.
[84] 歙县地方志编纂委员会.歙县志[M].北京:中华书局,1995.
[85] 许浩.江苏园林图像史[M].南京:南京大学出版社,2016.
[86] 许浩,吴净,崔婧.基于《环翠堂园景图》的明代坐隐园研究[J].中国园林,2018,34(08):121-124.
[87] 高明和.殊像寺建筑与塑像概述[J].五台山研究,1996(03):35-40+43.
[88] 高明和.塔院寺建筑与塑像概述[J].五台山研究,1996(04):11-17.
[89] 高明和.罗睺寺建筑与塑像概述[J].五台山研究,1998(01):23-28.
[90] 北京市档案馆.北京的灵光寺[J].北京档案,2012(12):65.
[91] 北京市档案馆.北京卢师证果寺[J].北京档案,2012(09):65.
[92] 林正秋.杭州西湖历代疏治史(上)[J].现代城市,2007(03):53-56.
[93] 林正秋.杭州西湖历代疏治史(下)[J].现代城市,2007(04):45-52.
[94] 吴永江.唐代公共园林曲江[J].文博,2000(02):31-35.
[95] 吴永江.唐大明宫遗址[J].文物,1981(07):90-93.
[96] 端木泓.圆明园新证——万方安和考[J].故宫博物院院刊,2008(02):36-55+159-160.
[97] 端木泓.圆明园新证——麴院风荷考[J].故宫博物院院刊,2009(06):14-29+155.
[98] 卜复鸣.狮子林的佛门禅味[J].园林,2007(S11):22-23.
[99] 卜复鸣,徐青.明代王氏拙政园原貌探析[J].中国园艺文摘,2012,28(02):105-107+123.
[100] 朱蕾.帝王的山居——静寄山庄中宫太古云岚初探[J].建筑学报,2011(S2):156-158.
[101] 朱蕾,王其亨.避暑山庄“姊妹篇”——天津蓟县盘山行宫静寄山庄考[J].山东建筑工程学院学报,2005(03):27-30.
[102] 殷亮,王其亨.御园自是湖光好,山色还须让静宜——浅析香山静宜园28景经营意向[J].天津大学学报(社会科学版),2007(06):556-559.
[103] 陈书砚,朱蕾,王其亨.基于样式雷图档的静寄山庄前宫复原研究[J].中国园林,2012,28(09):97-101.
[104] 韩丛耀.图像符号的特性及其意义解构[J].江海学刊,2011(05):208-214+239.
[105] 刘伟冬.西方艺术史研究中的图像学概念、内涵、谱系及其在中国学界的传播[J].新美术,2013(03):36-54.
[106] 章宏伟.明代木刻书籍版画艺术[J].郑州轻工业学院学报(社会科学版),2012,13(06):92-105.
[107] 刘庭风,刘庆惠,陈毅嘉.秦汉园林史年表[J].中国园林,2006(03):87-91.
[108] 罗建伦.华林园宴饮赋诗考[J].吉林师范大学学报(人文社会科学版),2011,39(02):21-25.
[109] 赵喜惠,杨希义.唐大明宫兴建原因初探[J].兰州学刊,2011(05):213-215.

[110] 吴宏岐.隋唐帝王行宫的地域分布[J].中国历史地理论丛,1994(02):71-85.
[111] 姚毓璆,郑祺生.南宋临安园林[J].中国园林,1993(02):18-21+4.
[112] 刘振东,张建锋.西汉长乐宫遗址的发现与初步研究[J].考古,2006(10):22-29+2.
[113] 傅熹年.唐长安大明宫含元殿原状的探讨[J].文物,1973(07):30-48.
[114] 李百进.唐兴庆宫平面布局和勤政务本楼遗址复原研究[J].古建园林技术,1999(01):23-35+60.
[115] 窦培德,罗宏才,窦程.唐兴庆宫勤政务本楼花萼相辉楼复原初步研究(上)[J].文博,2006(05):80-85.
[116] 朱庆征.建福宫及其花园的平面布局研究[J].故宫博物院院刊,2002(04):88-91+57.
[117] 任明杰.北海永安寺白塔[J].古建园林技术,2009(02):77-79.
[118] 张铁宁.唐华清宫汤池遗址建筑复原[J].文物,1995(11):61-71.
[119] 朱悦战.唐华清宫园林建筑布局研究[J].唐都学刊,2005(06):15-18.
[120] 贺艳,吴祥艳.再现·圆明园——勤政亲贤.紫禁城,2011(08):32-49.
[121] 刘畅.圆明园九州清晏殿早期内檐装修格局特点讨论[J].古建园林技术,2002(02):41-43.
[122] 聂金鹿.隆兴寺天王殿的建筑时代及复原设想[J].文物春秋,1999(03):60-63.
[123] 张永波,于坪兰.试论正定隆兴寺隋舍利塔到戒坛的演变[J].文物春秋,2011(04):9-14+42.
[124] 周月姿.正定隆兴寺戒坛整体梁架的拨正工程[J].古建园林技术,1988(01):51-52.
[125] 程纪中.隆兴寺[J].文物,1979(01):92-94.
[126] 翔之.定州众春园考[J].文物春秋,2002(01):27-36.
[127] 杨淑秋.保定“古莲池”园林史略[J].中国园林,1996(02):19-20.
[128] 柴汝新.清代保定古莲花池图概述[J].文物春秋,2010(03):70-74.
[129] 严国泰,韩锋.风景名胜与景观遗产的理论与实践[J].中国园林,2013,29(12):52-55.
[130] 杨锐,赵智聪,邬东璠.作为整体的“中国五岳”之世界遗产价值[J].中国园林,2007(12):1-6.
[131] 侯清泉.清末直隶总督陈夔龙[J].贵阳文史,2006(01):10-11.
[132] 胥勤勉,林晓辉.五台山地貌特征及其旅游价值[J].五台山研究,2007(04):42-44.
[133] 李鸿斌.燕山八景起始考[J].北京联合大学学报,2002(01):97-100.
[134] 王培明.燕山八景[J].中国园林,1986(01):13.
[135] 任思义.谈谈浚县大石佛的创凿年代[J].中原文物,1989(02):66-70.
[136] 王路平.佛教与古代黔灵山旅游业[J].贵州民族学院学报(社会科学版),1993(04):70-75.
[137] 程杰.杭州西溪梅花研究——中国古代梅花名胜丛考之二[J].浙江社会科学,2006(06):151-158+163.

[138] 王兆鹏,邵大为.宋前黄鹤楼兴废考[J].江汉论坛,2013(01):91-96.
[139] 高永兴.江心孤屿双塔溯源[J].浙江建筑,2004(01):8-9.
[140] 姜丽丽,王玉海.无锡秦氏与寄畅园[J].内蒙古大学学报(人文社会科学版),2006(03):94-97.
[141] 汪大白.徽州园林代表作潜口汪氏水香园考论[J].淮北师范大学学报(哲学社会科学版),2011,32(05):36-40.
[142] 陈尔鹤,赵景逵.北京"半亩园"考[J].中国园林,1991(04):7-12.
[143] 贾珺.麟庆时期(1843—1846)半亩园布局再探[J].中国园林,2000(06):68-71.
[144] 袁蓉.从江南名园到皇家苑囿——瞻园和如园造园艺术初探[J].东南文化,2010(04):115-120.
[145] 顾启.汪氏文园寻踪[J].南通师范学院学报(哲学社会科学版),2002(04):142-145.
[146] 崔正森.镇海寺佛教简史[J].五台山研究,2003(04):5-14.
[147] 周祝英.镇海寺的建筑与彩塑艺术[J].五台山研究,2003(04):15-22.
[148] 竺颖.殊像寺佛教简史[J].五台山研究,1996(03):3-7.
[149] 玉卿.黛螺顶佛教史[J].五台山研究,2008(02):48-53.
[150] 班澜.五台山金刚窟[J].五台山研究,2012(02):61-64.
[151] 肖雨.罗睺寺佛教史略[J].五台山研究,1998(01):6-13.
[152] 黄钟.著名古刹显通寺[J].五台山研究,1985(01):45-48.
[153] 萧宇.塔院寺佛教简史[J].五台山研究,1996(04):3-7.
[154] 正森.五台山塔院寺大白塔[J].五台山研究,1987(01):27-29.
[155] 魏国祚.玉花池[J].五台山研究,1989(02):20.
[156] 于平兰,魏鹃.正定八大寺院之一——崇因寺探考[J].文物春秋,2004(01):54-59.
[157] 董春杰.京西名刹潭柘寺[J].中国宗教,2002(05):58.
[158] 赵迅.五塔寺塔[J].古建园林技术,1985(03):53.
[159] 李卫伟.香山碧云寺古建筑探析[J].建筑学报,2011(S1):50-54.
[160] 任宜敏.天如惟则禅师禅学思想析论[J].人文杂志,2003(S5):145—150.
[161] 陆琦.南海西樵山[J].广东园林,2012,34(05):77-80.

图片目录

图4-2-1-5 [清]《御制避暑山庄三十六景图》——《水芳岩秀》
图4-2-1-6 [清]《御制避暑山庄三十六景图》——《万壑松风》
图4-2-1-7 [清]《御制避暑山庄三十六景图》——《松鹤清樾》
图4-2-1-8 [清]《御制避暑山庄三十六景图》——《云山胜地》
图4-2-1-9 [清]《御制避暑山庄三十六景图》——《四面云山》
图4-2-1-10 [清]《御制避暑山庄三十六景图》——《北枕双峰》
图4-2-1-11 [清]《御制避暑山庄三十六景图》——《西岭晨霞》
图4-2-1-12 [清]《御制避暑山庄三十六景图》——《锤峰落照》
图4-2-1-13 [清]《御制避暑山庄三十六景图》——《南山积雪》
图4-2-1-14 [清]《御制避暑山庄三十六景图》——《梨花伴月》
图4-2-1-15 [清]《御制避暑山庄三十六景图》——《曲水荷香》
图4-2-1-16 [清]《御制避暑山庄三十六景图》——《风泉清听》
图4-2-1-17 [清]《御制避暑山庄三十六景图》——《濠濮间想》
图4-2-1-18 [清]《御制避暑山庄三十六景图》——《天宇咸畅》
图4-2-1-19 [清]《御制避暑山庄三十六景图》——《暖溜暄波》
图4-2-1-20 [清]《御制避暑山庄三十六景图》——《泉源石壁》
图4-2-1-21 [清]《御制避暑山庄三十六景图》——《青枫绿屿》
图4-2-1-22 [清]《御制避暑山庄三十六景图》——《莺啭乔木》
图4-2-1-23 [清]《御制避暑山庄三十六景图》——《香远益清》
图4-2-1-24 [清]《御制避暑山庄三十六景图》——《金莲映日》
图4-2-1-25 [清]《御制避暑山庄三十六景图》——《远近泉声》
图4-2-1-26 [清]《御制避暑山庄三十六景图》——《云帆月舫》
图4-2-1-27 [清]《御制避暑山庄三十六景图》——《芳渚临流》
图4-2-1-28 [清]《御制避暑山庄三十六景图》——《云容水态》
图4-2-1-29 [清]《御制避暑山庄三十六景图》——《澄泉绕石》
图4-2-1-30 [清]《御制避暑山庄三十六景图》——《澄波叠翠》
图4-2-1-31 [清]《御制避暑山庄三十六景图》——《石矶观鱼》
图4-2-1-32 [清]《御制避暑山庄三十六景图》——《镜水云岑》
图4-2-1-33 [清]《御制避暑山庄三十六景图》——《双湖夹镜》

图书在版编目（CIP）数据

中国古典园林图像艺术 / 许浩著. — 沈阳 : 辽宁科学技术出版社，2022.12
ISBN 978-7-5591-2396-1

Ⅰ. ①中… Ⅱ. ①许… Ⅲ. ①古典园林—园林艺术—研究—中国 Ⅳ. ① TU986.62

中国版本图书馆 CIP 数据核字（2022）第 010904 号

出版发行：辽宁科学技术出版社
（地址：沈阳市和平区十一纬路 25 号 邮编：110003）
印 刷 者：广东省博罗县园洲勤达印务有限公司
经 销 者：各地新华书店
幅面尺寸：215mm×285mm
印 张：80.75
插 页：12
字 数：1200 千字
出版时间：2022 年 12 月第 1 版
印刷时间：2022 年 12 月第 1 次印刷
责任编辑：杜丙旭 乔志雄 胡嘉思
封面设计：曹卿云
版式设计：关木子
责任校对：韩欣桐
审 读：徐桂秋

书 号：ISBN 978-7-5591-2396-1
定 价：628.00 元（全三卷）

联系电话：024-23284360
邮购热线：024-23284502
http://www.lnkj.com.cn